PIERSON · LOKOMOTIVEN AUS BERLIN

KURT PIERSON

LOKOMOTIVEN AUS BERLIN

MOTORBUCH VERLAG STUTTGART

Einband und Schutzumschlag:
Siegfried Horn unter Verwendung eines Gemäldes aus dem AEG-Besitz.

ISBN 3-87943-458-1

1. Auflage 1977.

Eine Abteilung des Buch- und Verlagshauses Paul Pietsch GmbH & Co KG.

Satz und Druck: Becht-Druck, 7403 Pfäffingen.
Bindung: IDUPA GmbH., 7311 Owen/Teck.
Printed in Germany.

INHALTSVERZEICHNIS

VORWORT

Juni 1930. Im Rahmen der Zweiten Weltkraftkonferenz wurde bei der Behandlung der Energiewirtschaft der Eisenbahnen mit Dampf- und elektrischem Betrieb festgestellt — ... »daß bei der grundlegenden Verschiedenheit der Voraussetzungen beider Hauptbetriebsarten nicht anzunehmen ist, daß die eine durch die andere jemals verdrängt werden könne.«

Wenn dieses Buch erscheint, geht in der Bundesrepublik Deutschland eine Ära ihrem Ende entgegen, deren Symbol die Dampflokomotive war. Die technische Entwicklung hat die Prognose von einst längst überrollt. Auf den Lokomotivfriedhöfen von Braunschweig, Karthaus bei Trier, Saarbrücken-Schleifmühle, Grafenwöhr — von kleineren Schrottbetrieben ganz zu schweigen — zischen Tag für Tag die Schneidbrenner, sind tausend Hände damit beschäftigt, ganze Reihen ausgemusterter Dampflokomotiven wie auf einem Schlachthof zu zerlegen, bis irgendwann einmal dieses Zerstörungswerk beendet ist.

Es bleibt ein magerer Trost, daß ein solches Schauspiel jener Stadt erspart blieb, in der einmal in fast einem Dutzend Fabriken Lokomotiven gebaut wurden, wodurch ihr Name legendären Klang erhielt. Von ihr und von unzähligen Lokomotiven, die sie in alle Welt hinausschickte, will dieses Buch noch einmal erzählen. Allein schon die Menschen, die diese Maschinen einst schufen, machten zahlenmäßig die Bevölkerung einer ganzen Stadt aus.

Heute ist man gewohnt, in anderen Dimensionen zu denken. Doch während der erste Sputnik bereits im Weltenraum piepte, wurden hier noch Dampflokomotiven gebaut und zwar in einem Werk, das bis zum Ende des Zweiten Weltkrieges Bestandteil einer Firma war, die in diesem Jahr auf ein hundertjähriges Bestehen zurückblicken kann. Und damit wären wir bereits in der traditionsreichen Metropole des deutschen Lokomotivbaues.

Den Anfängen dieser lokalen Industrie nachzugehen, war nicht immer leicht. Zwar gibt es manche Veröffentlichung hierüber, doch stiegen bei näherer Betrachtung nicht selten Zweifel auf, die durch sorgfältige Forschungsarbeit, insbesondere bei der Frühzeit des Lokomotivbaues, zwar nicht immer ganz ausgeräumt, dennoch einen hohen Wahrscheinlichkeitsgrad zulassen. Darüberhinaus kam den Autor zustatten, daß er selbst noch ein Kind des Eisenbahnzeitalters war und sich schon früh mit der Geschichte insbesondere der preußischen Lokomotiven befaßte, wobei manche wertvolle photographische Aufnahme zustande kam. Das verleiht dem vorliegenden Buch den besonderen Reiz persönlichen Erlebens, der durch die spätere berufliche Tätigkeit mit und auf der Dampflokomotive noch vertieft wurde.

Es ist dem Autor ein Bedürfnis, all derer dankbar zu gedenken, die seine Arbeit durch zahlreiche wertvolle Hinweise oder Beistellung von Bildvorlagen förderten, insbesondere der Herren Prof. Dr. Ilja Mieck (Berlin), Herbert Rauter (Krumbach), Dipl.-Ing. Schlachte und Ing. Hübner (AEG), Dr. v. Weiher (Siemens) sowie der zuständigen Herren des Kulturamtes der Stadt Völklingen sowie der Stahlwerke Röchling-Burbach, ebenda. Der ganz besondere Dank aber gilt dem schwedischen Eisenbahningenieur, Herrn Nils-Gunnar Ohlson für seine Hilfe bei der Behandlung des Abschnittes Baulokomotiven sowie abschließend dem Verlag selbst, der sich spontan zu der Herausgabe dieses Werkes entschloß und seiner Gestaltung volle Unterstützung zuteil werden ließ.

Möge dieses Buch von Fachleuten und Laien mit

wachem Interesse aufgenommen werden. Möge es denen, die sich die Liebe für die Geschichte der Eisenbahn und ihrer Lokomotiven bewahrt haben und nun vielleicht bei einem letzten Gang über einen der heutigen Lokomotivfriedhöfe Abschied nehmen von der Vergangenheit, dann und wann eine besinnliche Stunde bereiten. Es war alles in allem doch schön!

Kurt Pierson

Unendlicher Stoff schwindet ins Enge zusammen, wenn man das Bedeutende ausgezogen.

(Goethe)

EINLEITUNG

31. Dezember 1833. Vor den Schlagbäumen, die, Deutschlands Straßen sperrend, zahllose Zollgebiete abgrenzten, stauten sich die Lastfuhrwerke, und ihre trüb flackernden Wagenlaternen warfen zitternde Schatten auf die verschneiten Wege. Als die Kirchenglocken um Mitternacht das neue Jahr einläuteten und die Schranken plötzlich, wie von Geisterhänden bewegt, in den dunklen Himmel aufstiegen, war weit und breit kein Zöllner mehr zu sehen. Ungehindert konnten von nun an hochbeladene Wagen über die Straßen rollen: Der deutsche Zollverein war in Kraft getreten.

In dieser denkwürdigen Winternacht schlug die Geburtsstunde des deutschen Eisenbahnwesens, von Friedrich List, dem genialen Verkehrswissenschaftler, seit langem vorbereitet und geplant. Bereits knapp zwei Jahre später dampfte die erste deutsche Eisenbahn zwischen Nürnberg und Fürth, folgten ihr rasch weitere Bahnbauten, wobei die Lokomotiven zunächst aus England und Amerika kamen und insbesondere von den englischen Maschinenfabriken von Stephenson, Sharp & Roberts, Hawthorn, Bury, Curtis & Kennedy, Rothwell u. a. oder (in geringerer Zahl) von den nordamerikanischen Werkstätten von Norris, Baldwin und Eastwick-Harrison geliefert wurden.

Doch schon im Jahre 1838 wurde auf der von Professor Schubert geleiteten Schiffswerft Uebigau bei Dresden die erste in Deutschland wirklich in Gebrauch genommene Eisenbahn-Lokomotive, die »Saxonia« gebaut und an die Leipzig-Dresdener Eisenbahngesellschaft verkauft. Schubert hatte sich bei seiner Konstruktion die Ausführung von Rothwell zum Vorbild genommen. Die Maschine erfüllte jedoch nicht die an sie gestellte Erwartungen und konnte daher nur zum Bahnhofsdienst verwendet werden. Im Jahre 1840 lieferte die »Actien-Maschinenfabrik Uebigau«, die später einging, eine zweite Maschine gleicher Bauart, die unter dem Namen »Phönix« auf derselben Bahn in Betrieb genommen wurde.

Einen weiteren Versuch im Lokomotivbau machte 1839 die »Sächsische Maschinenbau-Compagnie« (früher Haubold) in Chemnitz. Sie erhielt von der genannten Eisenbahnverwaltung eine Lokomotive als Modell ausgeliehen, und so entstanden 1840 zwei Maschinen, die »Teutonia« auf vier Rädern mit stehendem Kessel nach den Plänen des gebürtigen Hannoveraners Preuss, sowie der auf drei Achsen ruhende »Pegasus«, den ein ehemaliger Zögling der Dresdener technischen Bildungsanstalt, Rabenstein, gestaltete. Die »Teutonia« wurde nach mehreren Versuchen auf der Magdeburg-Schönebecker-Bahnstrecke für den damaligen Unterbau als zu schwer befunden und an die Buckauer Dampfschiffahrts-Gesellschaft verkauft. Der »Pegasus« dagegen wurde ein Jahr

später für die Leipzig-Dresdener Eisenbahn umgebaut. Übrigens hat die vorgenannte Dampfschiffahrts-Gesellschaft in der Folgezeit ebenfalls etwa fünfzehn Lokomotiven nach dem Muster der englischen Firma Sharp gebaut.
So hatte das damalige Königreich Sachsen, das schon frühzeitig eine beachtliche Industrie besaß, als zweites Land nach Bayern bereits im Jahre 1837 das erste Teilstück der Leipzig-Dresdener Eisenbahn in Betrieb genommen und damit gleichzeitig den Grundstein für eine eigene Lokomotivindustrie gelegt, die Jahrzehnte später Richard Hartmann in Chemnitz zu hoher Blüte bringen sollte. Aber auch in einem anderen Gebiet mit ähnlicher Wirtschaftsstruktur, im heutigen Rheinland-Westfalen, regten sich Kräfte in gleicher Richtung, begann man mit dem Bau der Rheinischen Eisenbahn im Jahre 1839, lieferten Dobbs & Poensgen in Aachen hierfür zwei Lokomotiven, bauten Jacobi, Haniel & Huyssen für die Taunusbahn und die Bergisch-Märkische Eisenbahn in ihrer Fabrik in Sterkrade insgesamt fünf Lokomotiven.
Der norddeutsche Raum dagegen war geographisch ganz anders geartet. In dieser großen, weiten Tiefebene, in der zu Beginn des 19. Jahrhunderts kaum Industrie anzutreffen war, gaben die Küsten der Nord- und Ostsee, gaben Äcker, Wiesen und Wälder sowie Luche und Wasserläufe einer Landschaft das Gepräge, die durchzogen war von den großen Handelsstraßen zwischen der Elbmündung und Oberschlesien und von der Weichsel nach Lothringen. Sie beherrschten den Verkehr in diesem weiträumigen Gebiet und ließen bereits die Trassen zukünftiger Eisenbahnen erkennen. In ihrem Schnittpunkt aber trafen sie sich in einer Stadt, die sich auf dem kargen Sandboden der Mark Brandenburg in einer siebenhundertjährigen Geschichte von einer alten Siedlung aus der Zeit der Askanier zur Residenz des Königreiches Preußen entwickelt hatte: BERLIN.
In seinem »Entwurf für ein deutsches Eisenbahnnetz« aus dem Jahre 1833 hatte Friedrich List vorgesehen, von Berlin aus fünf Hauptlinien strahlenförmig nach Hamburg, Stettin, Danzig, Breslau, Leipzig (mit Weiterführung nach München) bzw. nach Frankfurt (Basel) und Köln über Minden ausgehen zu lassen. Dieser Plan sollte in der Folgezeit zu großartiger Wirklichkeit werden und diese Stadt zu einem Brennpunkt im internationalen Verkehr machen. Die blauglänzenden Luxuszüge der Internationalen Schlaf- und Speisewagen-Gesellschaft mit Sitz in Brüssel gehörten bald zum gewohnten Bild auf den Berliner Bahnhöfen. Einer der beliebtesten Züge war derjenige über Cöln-Aachen-Lüttich-Calais mit Anschluß nach London, gefolgt von dem Luxuszug über Oberhausen-Wesel und weiter durch Holland auf der interessanten Nordbrabant-Deutschen Eisenbahn nach Vlissingen, von wo aus ebenfalls eine Verbindung nach London bestand; und der Verfasser atmete bei diesen Zügen schon damals auf dem Bahnhof Zoologischer Garten den »Duft der großen weiten Welt«. Ihnen ebenbürtig waren die Luxuszüge gen Osten nach St. Petersburg über Cüstrin und die Grenzstation Wirballen bzw. nach Warschau-Moskau und weiter via sibirische und mandschurische Eisenbahn nach Peking über Frankfurt/Oder und die Grenzstation Alexandrowo.
Doch nicht nur über die große Schlagader Berlins, die Stadtbahn, rollten Luxuszüge, sie verbanden auch vom Anhalter Bahnhof aus die ehemalige Reichshauptstadt mit der französischen Riviera. Den Reigen dieser großen, internationalen Eisenbahnverbindungen aber beschloß ein Zug von eigenartiger Qualität und Bestimmung – kein Luxuszug und dennoch jahrelang von besonderer politischer Bedeutung: Der »Balkanzug«, der vom Anhalter Bahnhof seinen Ausgang

nahm, um über Wien, wo er mit dem von München kommenden süddeutschen Zweig vereinigt wurde, seine Fahrt via Budapest-Belgrad und Sofia nach Konstantinopel, dem späteren Istanbul, fortzusetzen. Dieser Zug wurde als Ergebnis militärischer Operationen im ersten Weltkrieg auf dem Balkan eingesetzt und seine D-Zugwagen trugen an ihren Längsseiten in großen Buchstaben seinen Namen.

Die verkehrsgünstige Lage der Stadt, die außer ihren Handelsstraßen von jeher auch über Verbindungen zu Wasser nach Hamburg und Stettin verfügte, brachte es mit sich, daß sich in ihr bereits zu Beginn des 19. Jahrhunderts die Anfänge einer Eisenindustrie abzeichneten. Eine vom preußischen Staat in Oberschlesien errichtete und von ihm betriebene Eisengießerei bildete den Anstoß zur Schaffung eines ebensolchen Unternehmens in Berlin, das rein zufällig zur Wiege des Berliner Lokomotivbaues wurde und damit eine Entwicklung einleitete, wie sie in der Geschichte des Eisenbahnwesens einmalig war.

Diesen historischen Vorgang wollen wir in den nun folgenden Kapiteln noch einmal nachzeichnen, in denen der ersten Lokomotivbauer ebenso gedacht werden soll wie der später entstandenen Großindustrie und ihren Erzeugnissen. Von der ersten Dampf- bis zur letzten Elektrolokomotive aus dem Berliner Raum werden wir ein ganzes Jahrhundert durchwandern und der heutigen Generation wie denen, die nach ihr kommen, die Erinnerung an einen Wirtschaftszweig weiterreichen, der diese Stadt einst berühmt gemacht hat. Manch bekannter Name von damals hat sich bis in die Gegenwart hinein in ihr erhalten, wenn auch die Produktion dieser Werke eine andere geworden ist. Umso mehr sollte deshalb ein Wort des Philosophen Karl Jaspers beherzigt werden:

»Keine Realität ist wesentlicher für unsere Selbstvergewisserung als die Geschichte. Denn ohne Geschichte verlieren wir die Atemluft unseres Geistes. Verschleiern wir uns unsere Geschichte, so überfällt sie uns, ohne daß wir wissen wie. Dann führen uns narrende Gespenster der Vergangenheit.

Wir sind verantwortlich dafür, welche Aufgaben wir als die unsrigen erkennen.«

In Erkenntnis und Wahrnehmung der hier gewählten Aufgabe wollen wir nunmehr das erste Kapitel der Geschichte des Berliner Lokomotivbaues aufschlagen.

Dampfwagen der Eisengießerei zu Berlin

Es gibt Straßen in Berlin, die das Schicksal einer Stadt besonders einprägsam widerspiegeln. Eine von ihnen ist die Invalidenstraße. Einst ein Heerweg zur alten Havelfeste Spandau, verband sie die Spreekolonie Moabit mit der Rosenthaler Vorstadt vor dem Oranienburger Tor. Als im Jahre 1843 die Berlin-Stettiner Bahn, und drei Jahre später, die Berlin-Hamburger Eisenbahn ihre Bahnhöfe an diesem ehemaligen Heerweg errichteten, gewann die Invalidenstraße an Bedeutung, und dies umso mehr, als kurz danach auf ihr der nördliche Abschnitt der ersten Berliner Stadteisenbahn, der sog. »Verbinder« angelegt wurde. Mit zunehmender Besiedelung vor den Stadttoren verschwand um 1870 diese Bahn, und in den Bombennächten des letzten Krieges sanken die Hallen des Stettiner Bahnhofs in Trümmer. Die stark angeschlagene Halle des Hamburger Bahnhofs jedoch, in der sich seit 1906 die Sammlungen des früheren preußischen Verkehrs- und Baumuseum befinden, überlebte das Inferno; die Straße selbst aber verlor nach Errichtung der Mauer ihre verbindende Funktion.

Und gerade hier, wo sich an der Sandkrugbrücke über dem Berlin-Spandauer Schiffahrtskanal einer der wenigen Zugänge zum andern Teil der Stadt öffnet, stand, nur ein paar hundert Meter weiter, die Wiege der Berliner Eisenindustrie. Auf dem Gelände, auf dem sich einst das Museum für Naturkunde, die landwirtschaftliche Hochschule, die Bergakademie und die Geologische Landesanstalt erhoben, erstreckte sich das Areal der einstigen Königlichen Eisengießerei, die bis zum Jahre 1874 im Betrieb war. Schon zweihundert Jahre früher lag hier an einer Teichstelle, umspült vom Wasser der Panke, eine Schleif- und Poliermühle, die die Aufgabe hatte, auf kurfürstliche Rechnung »die Harnische und anderes Gezenk« der staatlichen Rüstkammer aufzupolieren und instandzuhalten. Unter dem Großen Kurfürsten gelangte die Mühle in Privathand. Im März 1789, also hundert Jahre später, erhielt die königliche Bergwerks- und Hüttenadministration vom Ministerium den Auftrag, nach dem Muster der ersten preußischen Eisengießerei im oberschlesischen Gleiwitz eine ebensolche Anlage in Berlin zu errichten. Zu diesem Zweck erwarb der Staat die an der Panke gelegene Schleifmühle, um sie zu einer Eisengießerei umzuwandeln. Für die Gebläse der Schmelzöfen blieb der Wasserantrieb erhalten und wurde um ein zweites Wasserrad für die Mechanische Werkstatt erweitert (Bild 1). Im Jahre 1804 wurde der erste Schmelzversuch durchgeführt; ein Jahr später belief sich die Jahresproduktion auf über 1500 Ctr und stieg in kurzer Zeit schon auf das Zehnfache. Insbesondere wurden Gewichte, Röhren, Walzen, Pochstempel, Kessel, Ketten, Pflugschare u. dgl. hergestellt, vor allem aber Kunstguß, wie Rosetten, Türknöpfe, Gardinenhalter, Adler- und Löwenklauen und vieles andere mehr. Namhafte Künstler wie Tieck, Rauch, Wichmann u. a. lieferten die Vorlagen. Aber auch Kunstbauten gingen aus diesem Etablissement hervor, wie die Brücke zwischen den beiden Türmen auf der, in der Havel gegenüber dem Potsdamer Vorort Sakrow gelegenen, Pfaueninsel. In den Kriegsjahren 1813 bis 1815 dominierte die Herstellung von Kriegsgerät, dann galt es Schlachtendenkmäler zu errichten, wie diejenigen von Großbeeren, Großgörschen, Dennewitz Kulm und das Denkmal auf dem Kreuzberg im heutigen gleichnamigen Berliner Stadtbezirk.

Die nach den Befreiungskriegen von napoleoni-

Abb. 1 Königl. Eisengießerei zu Berlin (Teichseite) um 1810 (Landesarchiv Berlin)

scher Herrschaft einsetzende Epoche des Biedermeier förderte den Gewerbefleiß in Preußen. In England entwickelte sich frühzeitig der Bau von Dampfmaschinen für Berg- und Hüttenwerke, denn gerade im Bergbau fanden solche Maschinen in Verbindung mit Pumpen für die Wasserhaltung Eingang. Von hier bis zu einem dampfbetriebenen Beförderungsmittel war es nicht weit. So befaßte sich seit 1811 der englische Ingenieur John Blenkinsop mit dem Bau von Lokomotiven eigener Konstruktion, wobei er an einer Schiene des Gleises eine Zahnstange befestigte, an der sich seine Lokomotiven entlanghaspelten. Diese seine Maschinen fanden auf verschiedenen Zechen mit Erfolg Anwendung.

Die Kunde hiervon drang auch zum Festland herüber und veranlaßte das Brandenburgische Obergamt, den Oberbergrat C. H. Eckardt und den Bergassessor und Hütteninspektor der Berliner Eisengießerei, J. Fr. Krigar, nach England zu schicken, um diese neue Transportart zu studieren. Als Ergebnis ihrer Reise brachten die beiden Fachleute Baupläne der Blenkinsop'schen Lokomotive mit nachhause. Krigar ging unverzuglich daran, mit Unterstützung seines Faktors Franz Schmahel, in der von ihm geleiteten Eisengießerei einen Dampfwagen zu bauen. Er wurde bedeutend kleiner als sein englisches Vorbild.

Auf einem vierrädrigen hölzernen Rahmen wurde ein aus zwei Hälften zusammengesetzter gußeiserner Dampfkessel montiert, der eine Länge von 2 m und einen Durchmesser von 63 cm auf-

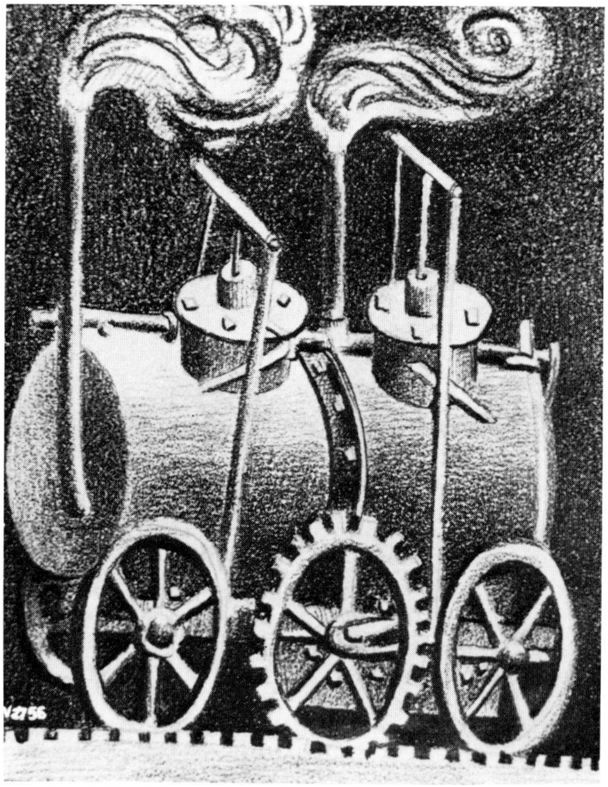

Abb. 2 Erster Dampfwagen der Kgl. Eisengießerei (Aus der gußeisernen Neujahrsplakette 1816)

wies, in dem oben die beiden doppelt wirkenden Zylinder eingebaut waren. Die Kolben trieben durch Schubstangen ein unter dem Kessel liegendes Zahnrad an, das in die Zahnstange entlang der Schiene eingriff. Der aus den Zylindern ausströmende Dampf entwich nicht in den zwei Meter hohen Schornstein, sondern durch ein besonderes Auspuffrohr ins Freie. Mit sechzehn Eimer Wasser gefüllt, entwickelte die Maschine eine Geschwindigkeit von nur fünfzig Schritt in der Minute und zog einen mit 50 Ctr beladenen vierrädrigen Karren hinter sich her, bei einem täglichen Kohleverbrauch von etwa 2½ Ctr. Das Gleis bestand aus kurzen, gußeisernen Schienenstäben und wies eine Spurweite von etwa 94 cm auf. Es war in der Kgl. Eisengießerei üblich, zu Neujahr eine Neujahrsplakette zu gießen, auf der irgendwelche bemerkenswerte Bauten oder eigene Erzeugnisse dargestellt wurden. Die Neujahrsplakette von 1815/1816 zeigte diese erste auf dem europäischen Festland gebaute Lokomotive (Bild 2).

Das Ergebnis erweckte aber in der Öffentlichkeit nur mäßiges Interesse. Die erste Notiz darüber brachte die »Vossische Zeitung« vom 9. Juli 1816; danach verkündete das Brandenburgische Obergamt in der »Spenerschen Zeitung«, daß der Dampfwagen bis zum 19. Juli täglich von 9 bis 12 Uhr vormittags und von 3 bis 8 Uhr nachmittags gegen vier Groschen Eintrittsgeld im Betrieb gezeigt werde. Die »Spenersche Zeitung« brachte auch in ihrer Ausgabe Nr. 87 vom 20. Juli 1816 eine Beschreibung der Lokomotive. Trotzdem war das Interesse der Berliner mehr der Dampfschiffahrt zugewandt, nachdem auf der Spandauer Werft des Unternehmers Humphrey ein solches Schiff im gleichen Jahr gebaut wurde, wobei die Maschine aus England kam.

Der »Dampfwagen« wurde nach seinem Berliner Debüt in 13 Kisten verpackt und Ende Juli auf dem Wasserweg nach Oberschlesien versandt, wo er zwischen der Königsgrube und Königshütte verkehren sollte. Am 23. Oktober kam er dort an, paßte jedoch nicht in die verlegte Gleisspur. Da auch Kessel und Zylinder nicht dicht hielten, wurde die Maschine verschrottet. Dieser Darstellung steht freilich der Wortlaut eines Nekrologs zum späteren Tode des kgl. preußischen Oberhütteninspektor Franz Schmahel gegenüber, veröffentlicht im »Berliner Gewerbe-, Industrie- und Handelsblatt Nr. 24 vom 21. Juni 1845«, in dem es heißt: ... »Im Fach der praktischen Mechanik zeigte Schmahel schon im Jahre 1815 ein sicheres und schnelles Auffassungstalent, indem er nach

Zeichnungen, welche von dem jetzt noch lebenden Berg- und Hüttenmännern Eckhardt (Geheimer Bergrat und Direktor der Königlichen Eisengießerei in Berlin) und Krigar (Oberbergrat in Berlin) aus England mitgebracht wurden, den ersten Dampfwagen hierselbst erbaute, welcher sich auch bei starker Belastung auf einer Eisenbahn, damals noch mit gezahnter Stange, leicht und sicher fortbewegte und dem Erbauer den Dank einbrachte, daß sich sein König wie die Prinzen des Hauses anerkennend und wohlgefällig darüber äußerten, eine Satisfaktion, die dem königlichen Beamten und vorwärtsstrebenden Techniker Schmahel ebenso wertvoll wie aufmunternd war.«

Obgleich über den Einsatz dieser ersten Berliner Lokomotive von der Königsgrube noch keine Betriebsergebnisse vorlagen, begann man in der Eisengießerei bereits mit dem Bau eines zweiten Dampfwagens. Von diesem ist uns eine Konstruktionszeichnung überliefert, die jedoch von einem gewissen C. L. Althans mit Datum vom Oktober 1817 unterschrieben ist. Die Maschine war für das neu zu Preußen gekommene Saargebiet bestimmt, wo sie zum Transport der Kohlen von der Grube Bauernwald zur Saar dienen sollte. Das Oberbergamt in Bonn erhielt einige Probestücke von Schienen, um danach die Schienen auf der Geislauterner Hütte anfertigen zu lassen.

Am 9. Juni 1817 meldete die Eisengießerei, daß der Wagen in etwa zehn Wochen fertig sein würde; die Konstruktionszeichnung scheint demnach erst nach dessen Fertigstellung unterschrieben worden zu sein. Das Berliner Werk schlug dabei vor, »einen geschickten Bergschmied oder Schlosser nach Berlin zu schicken, der den Wagen genau kennen lernen soll, um ihn dann nach dem Transport wieder zusammenzusetzen.« Diese Forderung des Herstellers war durchaus berechtigt, denn es gab eine Reihe von Schwierigkeiten, wie beispielsweise bei der Steuerung, deren Konstruktion aufgrund mehrfacher Versuche geändert werden mußte. Auch die Leistung des Dampfwagens ließ zu wünschen übrig, denn anstatt der in England erzielten Anhängelast von 1000 bis 1500 Ctr bewegte der hiesige Dampfwagen nur 80 Ctr.

Das Oberbergamt in Bonn war verständlicherweise über ein solches Ergebnis schwer enttäuscht und dies umso mehr, als man sich bei den Zechenbesitzern im Saarland eine besondere Werbewirkung für die in Preußen aufkommende Industrie versprochen und den Dampfwagen als große technische Neuerung angepriesen hatte. Am 5. Februar 1819 traf er, über Hamburg-Amsterdam-Köln kommend, in Geislautern ein, wo er erprobt werden sollte. Auf einem Feldweg in der Nähe des Amtshauses wurden Schienen verlegt, die Lokomotive heraufgestellt und erste Versuche unternommen. Interessanterweise sind Reste dieser Versuchsstrecke noch heute in Völklingen sichtbar, wo sich im Stadtteil Luisenthal der »Friederikenschienenweg« befindet.

Die Versuche zogen sich über drei Jahre hin. Schon im September 1819 stellte man die ersten Mängel fest, die sowohl die Konstruktion des Dampfwagens als auch dessen mangelhafte Ausführung betrafen. Den Plan, ihn auf dem Schienenweg zwischen der Saar und der Grube Bauernwald, die auf dem Gebiet des heutigen Saarbrücker Stadtteils Altenkessel lag, einzusetzen, gab man bereits im Januar 1820 auf. Im Oktober 1821 war man endlich soweit, daß sich die Maschine fortbewegte. Dennoch waren schwere Mängel unverkennbar: Die Kolben hielten nicht dicht, die Zahnräder hatten ungleiche Teilung, die Naben der Laufräder waren zu kurz und dünn, die Steuerung unvollständig. Der Haupthahn (wir würden heute hierzu Regler sagen) schloß nicht richtig, sodaß zu beiden Seiten der Lokomotive ein Strahl von zersprühtem Öl und Wasser herausschoß. Auch waren die einzelnen Teile der Maschine nicht mit der nötigen Genauigkeit bearbeitet und es fanden sich im Saargebiet keine Arbeiter, die imstande gewesen wären, neue Kolben anzufertigen.

Im Jahre 1823 hatte Bonn nach langen Kämpfen endlich die Rechnung für den Dampfwagen bezahlt. Dann hörte man elf Jahre nichts mehr von ihm. Im Jahre 1834 stand er noch immer auf einem Feldweg neben dem Amtshaus in Geislautern. Das Bretterdach, das man zum Schutz gegen die Witterung angebracht hatte, war verfallen, der Rost gestohlen, mehrere Messingschrauben waren abgeschlagen, während die äußeren Maschinenteile im Amtshaus aufbewahrt wurden. Wie vertraut klingt uns diese Schilderung aus jener Zeit! Im gleichen Jahr stellte man fest, daß der Dampfwagen nicht im Inventar der Geislauterner Hütte verzeichnet war und fragte beim Oberbergamt in Bonn an, was mit ihm geschehen solle. In Berlin erinnerte man sich daran, daß der erste, nach Oberschlesien gelieferte Wagen damals in eine stehende Pumpanlage umgebaut und vorübergehend von einer Zinkhütte verwendet worden war. Man empfahl daher, die Lokomotive in Geislautern meistbietend zu verkaufen, aber niemand wollte sie haben. So wurde auch diese Ma-

Abb. 3 Modell des zweiten Dampfwagens der Kgl. Eisen-Gießerei von 1818 (Im Besitz der Stadt Völklingen)

schine verschrottet. Ihr Andenken aber hielten in unserer Zeit Lehrlinge der Stahlwerke Röchling-Burbach hoch, indem sie ein Modell jenes Dampfwagens schufen (Abb. 3), von dem Pessimisten der damaligen Zeit meinten, der preußische Staat hätte sich derartige kostspielige Experimente sparen sollen. Sie konnten ja nicht ahnen, daß sie das Samenkorn waren, aus dem heraus sich einmal eine ganze Industrie entwickeln würde.

Ein Doktor und sein Dampfwagen

Vor hundertvierzig Jahren war die Gegend hinter dem Alexanderplatz zwischen dem Frankfurter und dem Landsberger Tor noch eine ländliche Idylle und viele Berliner hatten hier inmitten ausgedehnter Gärtnereien ihre Sommerwohnung. In den ein- bis dreistöckigen Häusern der von Pappeln und Linden umsäumten Großen Frankfurter Straße und Landsberger Straße war das Tuchgewerbe daheim, und es gab kaum ein Haus, in dem nicht ein Garnweber, ein Seiden-Wirker oder Raschmacher wohnte; und in dem Verbindungsweg zwischen diesen beiden Straßen, der Kleinen Frankfurter Straße, war es auch nicht viel anders.

Das Textilgewerbe spielte im alten Berlin eine wichtige Rolle und benötigte im steigenden Maße Maschinen aller Art. Es gab natürlich schon einige Fabriken hierfür wie diejenigen von Hummel, Freund, Wedding oder Egells, und, nicht zu vergessen, die Gebr. Cockerill, die der damals führende Mann im preußischen Gewerbebereich, der Geheime Oberfinanzrat Peter Christian Wilhelm Beuth, von Belgien an die Spree geholt hatte. Wir werden ihnen später noch einmal begegnen.

Zu jener Zeit gab es manchen findigen Kopf, der sich mit den aufkommenden Dampfmaschinen und deren Technik beschäftigte. Einer von ihnen war ein Doktor der Naturwissenschaften und Privatdozent an der Königl. Universität in Berlin. Er hieß Ludwig Kufahl und eröffnete in seiner Wohnung in der Alexanderstraße 52 sein Büro und in der Kleinen Frankfurter Straße 12, im ehemaligen Gasthof »Zum Goldenen Hirsch«, der dem Essigfabrikanten Wegener gehörte, eine Werkstatt.

Schon frühzeitig befaßte sich der Gelehrte mit dem Gedanken, einen Dampfwagen zu bauen. Mehr noch, er beschäftigte sich sogar mit dem Problem, Wasserdampf zum Betrieb von Dampfmaschinen zu überhitzen. Am 30. März 1834 wurde dem Dr. phil. Ludwig Kufahl für acht Jahre ein Patent erteilt auf:

> »Eine durch Zeichnung und Beschreibung nachgewiesene und in ihrer Zusammensetzung für neu und eigenthümlich erkannte Vorrichtung zur Erzeugung und Benutzung überhitzter Wasserdämpfe zum Betrieb von Dampfmaschinen.«

Ein Jahr später folgte, ebenfalls für den Zeitraum von acht Jahren, ein Patent auf:

> »Eine durch Zeichnung und Beschreibung nachgewiesene und für neu und eigenthümlich erkannte Kesseleinrichtung zur Erhitzung von Wasserdämpfen.«

Soweit zurück also liegen die Wurzeln des späteren Überhitzers.

Spätestens zu diesem Zeitpunkt begann Kufahl mit den Entwurfsarbeiten zu seinem Dampfwagen, doch um ihn bauen zu können, reichte die Werkstatt in der Kleinen Frankfurter Straße nicht aus. So erwarb er das in unmittelbarer Nähe gelegene Grundstück Elisabethstraße 13/14, Ecke Kleine Frankfurter Straße 17 und errichtete dort eine Maschinenbau-Anstalt (Abb. 4). Es fanden sich Freunde und Gönner, die sein Vorhaben unterstützten, so der Hofrat und Universitätslehrer Dr. Emil Isensee, Doktor der Medizin und Chirur-

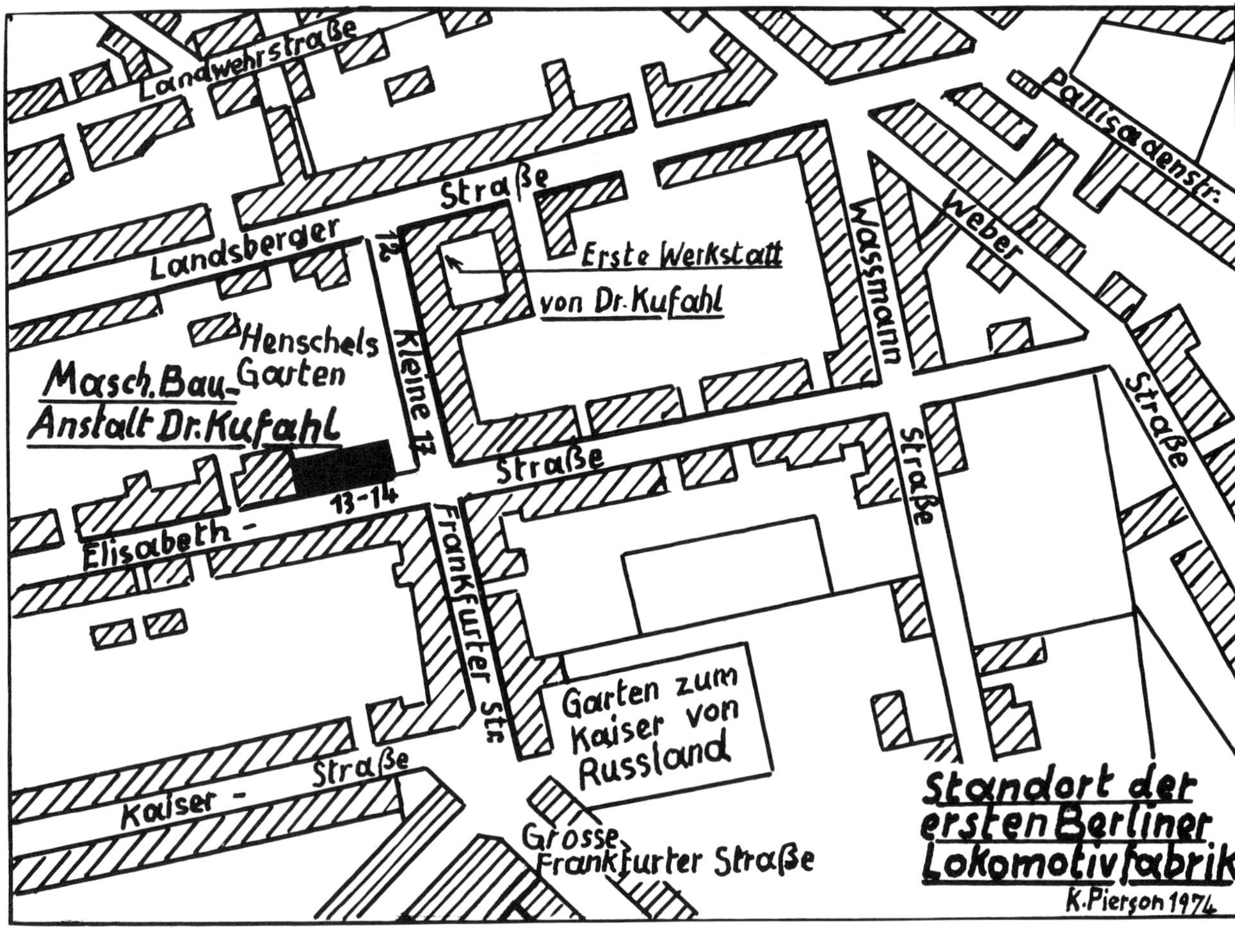

Abb. 4 Ausschnitt aus dem Stadtplan Berlins um 1840

gie, ein Aktionär der Berlin-Potsdamer Eisenbahngesellschaft. Als Geldgeber fungierte ein gewisser C. G. Sturm.

In den Akten des Preußischen Ministeriums für Handel und Gewerbe aus dem Jahre 1840 – Rep. 120 B II 1,5 Vol 6 – befinden sich einige Schriftstücke aus der Zeit vom 9. September 1840 bis 3. Dezember 1840, aus denen hervorgeht, . . . daß Herr Hofrat Dr. Emil Isensee, nachdem durch seine Anregungen sowie durch Vorschüsse des Herrn C. G. Sturm und die mechanische Ausführung durch Herrn Dr. L. Kufahl hierselbst der erste Dampfwagen im preußischen Staat angefertigt worden, das Ministerium ersuchte, diese auf dem Grundstück Elisabethstraße 13 aufgestellte Lokomotive zu überprüfen und baldmöglichst Erlaubnis zu einer Probefahrt auf der Berlin-Potsdamer Strecke zu erteilen. Die Direktion der Eisenbahngesellschaft sei damit einverstanden. Mehr als dreijährige Versuche, große Opfer usw. lägen hinter ihnen . . .

Geheimrat Beuth beauftragte daraufhin den damals in Berlin sehr bekannten und im »Verein zur Beförderung des Gewerbefleißes in Preußen« sehr rührigen Fabriken-Kommissionsrat Wedding sowie den Fabriken-Kommissionsrat und Lehrer an dem von Beuth geleiteten Kgl. Gewerbeinstitut A. Brix mit der Prüfung der Maschine und erbat ein Gutachten, das am 27. September 1840 abgegeben wurde und die Genehmigung zur Benutzung des Dampfwagens mit der Auflage befürwortete, daß die Dampfspannung nicht über 20 Pfd pro Quadratzoll = 1,4 atü betragen dürfe, da die Blechstärke der Feuerbuchse anstatt der üblichen Stärke von 7,4 Linien nur eine solche von 4 Linien aufweise.

Am 20. November 1840 wurde Isensee beim Ministerium erneut vorstellig mit dem Hinweis, man habe auf behördlichen Rat hin als Verbesserung die Feuerbuchse mit 26 Nietankern zu je 1″ Durchmesser abgesteift, die dem erwähnten Mangel abhelfen und damit die Forderung der Bahnverwaltung nach einem Druck von 60 Pfd pro Quadratzoll = 4,2 atü erfüllen dürfte, weshalb er um Wiederholung der Begutachtung bitte. Diese wurde durch Wedding vollzogen und am 3. Dezember 1840 dem Hofrat Dr. Isensee die Genehmigung zum Gebrauch des von Dr. Kufahl erbauten Dampfwagons erteilt.

Damit ist aktenkundig erwiesen, daß der von Dr. Kufahl erbaute Dampfwagen entgegen späterer Literaturangaben von der Berlin-Potsdamer Eisenbahn erprobt und, wie wir noch sehen werden, von ihr auch übernommen wurde. Als nämlich in unserer Zeit die Reichsbahndirektion Berlin zum hundertjährigen Bestehen der Strecke Berlin-Potsdam eine Festschrift herausgab, schrieb sie u. a.:

. . . »Im Jahre 1839 bekamen die Berlin-Potsdamer Werkstätten weitere sieben Dampflokomotiven: Zwei amerikanische, Bauart Norris 2 A, »Amerika« und »Prussia«; eine englische Lokomotive von C. Tayleur, Warrington, die jedoch nicht in Gang kam, sowie vier englische Lokomotiven von Stephenson (sechs Stück waren als 1A1-Bauart bereits 1838 geliefert mit den Namen »Merkur« – »Adler« – »Pegasus« – »Iris« – »Bär« – »Herkules«). Im selben Jahr wurde auch die erste deutsche Dampflokomotive von der Fabrik Dr. Kufahl, Berlin, geliefert, der nach 1842 eine weitere aus der Eisengießerei Egells, Berlin, folgte.« Dann heißt es weiter: »Bereits 1845 mußten die beiden erst sechs Jahre alten amerikanischen Lokomotiven »America« und »Prussia« und eine der ersten deutschen Lokomotiven ausgemustert werden. Sie konnten nur noch als stehende Dampfmaschinen zum Wasserschöpfen beim Bau von Brücken oder zum Antrieb der ersten damals beschafften Drehbänke dienen.«

Vergleicht man hiermit den Geschäftsbericht der Berlin-Hamburger Eisenbahn aus dem Jahre 1846, so ist mit Sicherheit anzunehmen, daß diese Gesellschaft die Kufahl'sche Lokomotive im Jahre 1845 erworben hat. Sie wurde zunächst als stehende Pumpanlage beim Bau des Hamburger Bahnhofs in Berlin zur Grundwassersenkung benutzt und später als Lokomotive zum Transport von Baumaterial. Im Jahre 1854 ließ die Berlin-Hamburger Eisenbahn die Maschine bei Borsig als Dampfdraisine umbauen. (Abb. 5). Wie man sieht, war sie gekennzeichnet durch einen stehenden Kessel, besaß innenliegende Zylinder, die auf eine unter dem Kessel liegende größere Treibachse arbeiteten, während sich hinter dem tief herabgezogenen Heizerstand eine kleinere Laufachse unterhalb des früheren Kohlebehälters befand.

In einem Aufsatz: »Zur Geschichte der ersten deutschen Lokomotivfabriken« erwähnt der bekannte einstige Direktor des Lokomotivbaues der HANOMAG, Baurat Dr. ing. e.h. Metzeltin, gleichfalls diese Maschine und zwar als B-gek. sog.

»Grasshopper«-Typ. Eine solche Bauart für Normal- bzw. Schmalspur wurde bei uns aber erst später, etwa um die Mitte des vorigen Jahrhunderts vornehmlich durch die Harzer Lokomotivfabrik in Zorge (Südharz) bekannt, die diese Art Lokomotiven gebaut hat (Abb. 6), so u. a. für die Anlage einer Stufenbahn zwischen Brauner Sumpf und Blankenburg (Harz). Die Fabrik war auch mit einer dieser Maschinen auf der Wiener Weltausstellung 1873 vertreten. Mit hoher Wahrscheinlichkeit dürfte die Kufahl'sche Lokomotive hierbei Vorbild gewesen sein, denn die ersten, in den Jahren 1842 bis 1845 in Zorge gebauten Dampfwagen für die Braunschweigische bzw. Hannoversche Staatsbahn wiesen die damals übliche 1A1-Bauart mit Schlepptender auf.

Dr. Kufahl konstruierte dann noch eine weitere Lokomotive, die er aus Geldmangel jedoch nicht selber baute sondern von dem Vater des Berliner Maschinenbaues und Gießereibesitzers F. A. Egells ausführen ließ, wie dies ja auch in der erwähnten Festschrift der Eisenbahndirektion Berlin zum Ausdruck kam. Auch sie wurde auf der Berlin-Potsdamer Eisenbahn erprobt, bevor sie

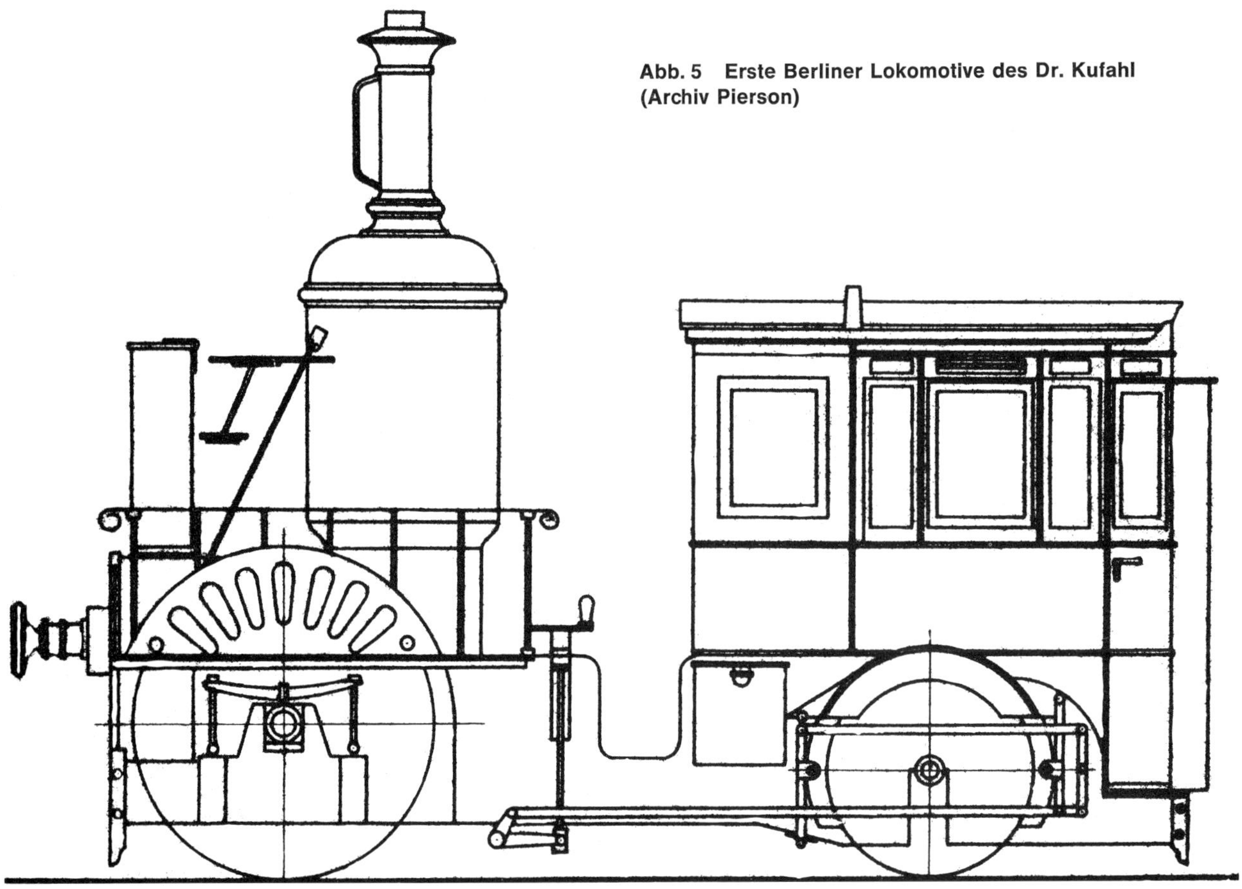

Abb. 5 Erste Berliner Lokomotive des Dr. Kufahl (Archiv Pierson)

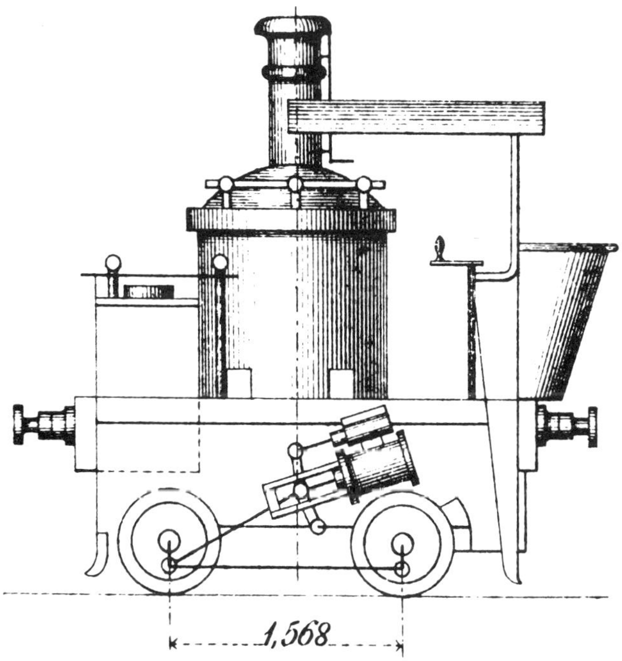

Abb. 6 Rangierlokomotive („Grasshopper"-Bauart) der Harzer Lokomotivfabrik zu Zorge (Harz)
(Aus: Heusinger, Handbuch f. spez. Eisenbahntechnik)

unter Betriebsnummer 3 bei der Niederschlesisch Märkischen Eisenbahn in Betrieb genommen wurde, wo sie bis 1853 Dienst getan haben soll.

Dann wurde es still um Dr. Kufahl, der sich nicht weiter mit Dampfwagen beschäftigte. Nach der Revolution von 1848 finden wir ihn auch nicht mehr als Besitzer einer Maschinenbau-Anstalt. Sein bleibendes Verdienst aber, als erster Berliner eine brauchbare Lokomotive gebaut zu haben, bot Anlaß, seiner in bisher unbekannter Ausführlichkeit zu gedenken.

Dampfwagen auf der Berliner Gewerbeausstellung 1844

Vom Oranienburger Tore
Bis zur zweiten Panke Moore
War vor Jahren Wüstenland,
Armut und Familienelend,
Hunger und der Durst sehr quälend,
Wenig Kies, doch sehr viel Sand.
Und nur hier und da begrüßte
Uns ein Schornstein in der Wüste
Und der Klang des Hammerlärmes . . .

So begann einst ein Festgedicht, das Mitte des vorigen Jahrhunderts einem verdienten Berliner Werkmeister des Lokomotivbaues galt. Mit scharfer Beobachtungsgabe kennzeichnet hierin der Dichter jenes Niemandsland, das sich überall dort ausbreitet, wo die Natur beginnt, sich vor der träge ansteigenden Flut des großstädtischen Häusermeeres zurückzuziehen. Die »Schornsteine in der Wüste« – das waren die der Königlichen Eisengießerei in der Invalidenstraße und der »Neuen Berliner Gießerei« von Egells & Woderb.

Franz Anton Egells stammte aus dem westfälischen Rheine. Er hatte in der Königlichen Eisengießerei Arbeit und Brot gefunden und dort den Bau der beiden Dampfwagen miterlebt. Noch ganz unter diesem Eindruck schied er ein paar Jahre später aus und eröffnete in der Mühlenstraße 59/60 eine eigene kleine Fabrik, die er 1823 auf das Grundstück Chausseestraße 3 verlegte (Abb. 7). Zusammen mit dem Kaufmann C. W. F. Woderb erweiterte er 1827 sein Unternehmen, und damit begann für die Rosenthaler Vorstadt das Zeitalter des Maschinenbaues, der schon wenige Jahre später das Ansehen Berlins hinaustragen sollte in alle Welt.

Ein großes Verdienst von Egells war, daß er in

Abb. 7 Wohnhaus und Fabrik von F. A. Egells. (Landesarchiv Berlin)

seiner Eisengießerei und Maschinenfabrik eine Reihe von Männern heranzog, die dieses Ansehen später durch eigene Unternehmen zu hoher Blüte brachten: Der in Naumburg geborene Ingenieur Hoppe, der aus Kiel stammende Tischler Wöhlert, der spätere Fabrikant Webers und manch andere gingen bei Egells in die Schule. Der berühmteste unter ihnen aber war der Breslauer Zimmergeselle August Borsig.

Egells, der sich der besonderen Förderung durch Beuth erfreute, befaßte sich zunächst mit dem Bau von Bügelmaschinen, Röhrenkesseln, Häckselmaschinen mit Messern am Schwungrad und Dreschmaschinen. Als sein Partner anfangs der dreißiger Jahre wieder ausschied, baute er auch einen Straßendampfwagen, mit dem er mehrere Probefahrten anstellte. Dabei lag es nahe, daß er sich wieder an die ersten Dampfwagen der Kgl. Eisengießerei erinnerte und hierzu seine eigenen Gedanken entwickelte. Als sein Gönner Beuth am 15. August 1844 im Berliner Zeughaus die »Allgemeine Deutsche Gewerbeausstellung« des Deutschen Zollvereins eröffnete, die für den verdienten Leiter der für das Gewerbewesen in Preußen zuständigen Behörde die Krönung seines Lebenswerkes bedeutete, war neben seinem einstigen Lehrling und späteren Werkmeister August Borsig auch Franz Anton Egells mit einem

Dampfwagen vertreten. Über diesen berichtete am 6. Oktober 1844 die in Braunschweig erschienene »Eisenbahnzeitung« unter Kat. Nr. 154:
»Der Dampfwagen des Herrn F. A. Egells ist im allgemeinen den bekannten englischen Lokomotiven nachgebildet. Er hat drei parallele gerade Achsen und vier gekuppelte Triebräder, welche jedes einen Druck von 70 Ctr auf die Schienen ausüben sollen. Nach den Probefahrten auf der Berlin-Potsdamer Bahn hat die Maschine unter den gewöhnlichen und Steigungsverhältnissen der Bahn 920 Mann Militär, komplett ausgerüstet in 32 Wagen, oder ungefähr 3500 Ctr fortgeschafft; überhaupt kann dieselbe auf horizontaler Bahn 4200 Ctr bewegen und zwar 5 Meilen in der Stunde. Endlich gestattet die eigentümliche Einrichtung der Steuerung ein schnelleres Fahren als bei anderen Maschinen, wobei der Brennmaterialverbrauch der verwandten Kraft entsprechend moderiert werden kann, was bei keiner Maschine ohne Expansionsvorrichtung möglich ist."
Die sehr ausführliche Darstellung dieses Exponats schließt mit dem Hinweis: »Die Verbesserungen des Herrn Egells sind in Österreich patentiert und der Cockerill'schen Fabrik in Seraing soll zur Bedingung gemacht sein, bei den für die Österreichischen Staatseisenbahnen zu liefernden 24 Lokomotiven jene Verbesserungen anzubringen. Zu bedauern ist, daß die übrigen Lokomotivfabriken Deutschlands, namentlich diejenigen, welche durch ihre Leistungen bereits sich bewährt haben, wie z. B. Keßler und Martiensen in Karlsruhe, das Etablissement zu Buckau und die Maschinenfabrik zu Zorge, nicht ebenfalls als Konkurrenten in diesem täglich mehr Wichtigkeit erlangenden Industriezweig aufgetreten sind.«
Die Ausstellungsmaschine, die den Namen »Preuße« trug, hatte die Achsfolge B 1 und wurde nach den vorstehend erwähnten Probefahrten 1846 an die Niederschlesische Zweigbahn Hansdorf-Glogau verkauft. Zusammen mit ihr lieferte Egells noch zwei weitere Maschinen mit dem Namen »Hermann« und »Windsbraut«. Die Lokomotive »Preuße« hat sich aber in der Folgezeit nicht bewährt. Bis 1848 hatte sie insgesamt nur 221 1/2 Meilen zurückgelegt und war dann trotz eines Umbaues bis 1852 außer Betrieb. Der Lokomotivfabrikant Borsig kaufte sie zurück, baute sie in eine B-n2-Tenderlokomotive um und verkaufte sie an die Cöln-Mindener Eisenbahn, wo sie unter dem Namen »Rees« bis 1867 lief.
Egells hat insgesamt nur vier Dampfwagen gebaut. Die beengte Lage seiner Fabrik zwang zu einer Straffung seines Fabrikationsprogramms, das er vorrangig auf den Bau von Dampfmaschinen, insbesondere Schiffs- und Bergbaumaschinen abstellte. Das war auch der Grund, weshalb er bereits zu jener Zeit einen Zweigbetrieb am Tegeler See errichtete, um die Vorfabrikate in einem eigenen Eisenhammer herzustellen.
Über den Dampfwagen von August Borsig schrieb die erwähnte »Eisenbahnzeitung«:
»Der von A. Borsig, Kat. No. 172 ausgestellte Dampfwagen ist für die Berlin-Anhalt'sche Eisenbahn angefertigt. Lokomotive und Tender sind sechsrädrig, die Zylinder liegen außerhalb, die Steuerung ist für veränderliche Expansion eingerichtet. An dem aufgestellten Exemplar ist besonders als neu beachtenswert: 1) bei den bewegenden Teilen der Lokomotive hat die Konstruktion dahin gestrebt, daß einzelne Teile abgenommen werden können, ohne andere in der Nähe oder damit in Verbindung stehende Teile vorher losnehmen zu dürfen; 2) ist bewirkt, daß der Kessel, welcher sich durch die Wärme ausdehnt, seine Länge verändern kann, ohne nachteilig auf sich selbst oder die mit ihm in Verbindung stehenden Teile einzuwirken; 3) die beiden Pumpen, welche dem Kessel das nötige Wasser zuführen, sind auf das Plateau, worauf der Führer steht, zu beiden

Seiten gelegt und erhalten ihre Bewegung durch eine Verbindungsstange, die von der Kurbelstange nach einem übersetzten Hebel führt und durch das Hebelverhältnis einen Hub von $^1/_3$ der Zylinderkolben erhält; 4) die Rohrverbindung der Pumpen mit dem Wasserbehälter des Tenders ist hier nur durch Kugelgelenke hergestellt und damit die nachteilige Stopfbüchsenverbindung, die früher wegen des Verlängerns und Verkürzens des Verbindungsrohres nötig war, gänzlich vermieden; 5) bei der Steuerung, worauf Herr Borsig ein Patent besitzt, ist auf eine sehr einfache Weise das Verlängern und Verkürzen der Schieberstangen zulässig, auch sind auf einfache und solide Weise die excentrischen Stangen mit excentrischen Ringen verbunden; der ganze Kessel ist mit Ausnahme des Rauchkastens mit Filzplatten belegt, welche an dem horizontalen Teil und der Kuppel mit Holz, an dem vorderen Teil aber mit Metall bekleidet sind.«

Der Bericht schließt diesen Teil mit der Bemerkung: »Im Jahre 1841 lieferte die Fabrik den ersten Dampfwagen; jetzt sind bereits 26 Lokomotiven für verschiedene Eisenbahnen aus der Fabrik hervorgegangen, in der etwa nur der vierte Teil der Arbeitskräfte für den Lokomotivbau in Anspruch genommen wird. Augenblicklich sind 32 Lokomotiven bestellt und in Arbeit; die Maschinenbau-Anstalt ist jetzt nach vierjährigen Arbeiten von Dampfwagen schon so eingerichtet, daß sie deren jährlich 40 Stück mit Tender zu liefern vermag.«

Der damals bedeutendste Unternehmer Berlins, der ehemalige Schüler des von Beuth geleiteten Gewerbeinstituts, August Borsig, nannte seine auf der Ausstellung im Mittelpunkt des Interesses stehende 1A1-Lokomotive, Fabrik Nr. 24 nach seinem früheren Lehrer »Beuth« – eine echte Anerkennung für dessen Wirken und Verdienste um die preußische, insbesondere die Berliner Wirtschaft in den Jahren, als die gesamte Volkswirtschaft darum rang, den Anschluß an die weit vorausgeeilte westeuropäische Industrie zu gewinnen. In wie hervorragendem Maß dies im Lokomotivbau gelang, werden wir im folgenden sehen. Eine Nachbildung der »Beuth« (Abb. 8) befindet sich heute im Deutschen Museum in München; sie wurde anläßlich des 75jährigen Firmenjubiläums Borsigs in natürlicher Größe gebaut und befand sich in den zwanziger Jahren noch in der Lackiererei der Borsigwerke Tegel.

Die abschließenden Ausführungen des Zeitungsartikels über die Dampfwagen auf der Berliner Gewerbe-Ausstellung erwähnen u. a. die Maschinenfabrik Cockerill in Seraing sowie die Harzer Maschinenfabrik in Zorge. Über den Lokomotivbau der letzteren erfuhren wir bereits einiges; auch der Name Cockerill ist uns bereits begegnet.

Die Brüder John und Charles-James hatten für ihre Wollspinnerei und Maschinenbau-Anstalt vom preußischen Fiskus die ehemaligen Kunheim'schen Kasernengebäude in der Neuen Friedrichstraße 26 bis 28 zur Verfügung gestellt bekommen. Nach zehn erfolgreichen Jahren gingen diese Grundstücke endgültig in ihr Eigentum über und der Geheimrat Beuth war stolz darauf, die Brüder für Berlin gewonnen zu haben, damals, als er im Frühjahr 1814 als Soldat bei ihnen in Quartier gelegen und sie auf diese Weise kennen gelernt hatte. Von 26 in Berlin im Jahre 1830 arbeitenden Dampfmaschinen stammten 9 von Freund, 2 von Egells, der Rest, 15 Stück, von Gebr. Cockerill.

Doch zu dieser Zeit wurde für die beiden erfolgreichen Unternehmer eine gewisse Sättigung des Absatzmarktes an Dampf- und Textilmaschinen, nicht zuletzt infolge der wachsenden einheimischen Konkurrenz immer stärker spürbar. Als Ende 1831 ihre Fabrik in Flammen aufging, war für sie die Berliner Episode zu Ende, zumal die preußische Regierung keine Veranlassung mehr sah, sie in Berlin zu halten – der Mohr hatte für die Ankurbelung der Wirtschaft seine Schuldigkeit getan! Die Brüder Cockerill kehrten nach Belgien zurück und begannen dort, Lokomotiven zu bauen. Dieser Fabrikationszweig sollte sie rasch bekannt machen und selbst in Deutschland liefen Lokomotiven der einstigen Berliner Maschinenbauer (Abb. 9).

Von der dargestellten Schnellzuglokomotive, von der in den Jahren 1892 bis 1902 insgesamt 15 Stück für die Main-Neckar-Bahn gebaut wurden und später an die preußisch-hessische Eisenbahndirektion Mainz gingen, stammten acht Exemplare aus der Maschinenfabrik in Seraing bei Lüttich selbst; weitere sieben Exemplare wurden nach der belgischen Konstruktion von der Maschinenfabrik Karlsruhe geliefert. Die Lokomotive lehnte sich als 1 B 1 - n2-Bauart in ihrem Aufbau eng an die Reihe 12bis der Belgischen Staatsbahnen an, die sich dort eines so guten Rufes erfreuten, daß auch die Main-Neckar-Bahn zu ihrer Beschaffung schritt. Das Bild zeigt die letzte

Abb. 8 1A1-Lokomotive „Beuth" der Berlin-Anhaltischen Eisenbahn, gebaut 1844 von A. Borsig. Fabr.-Nr. 24. (Aufnahme der Landesbildstelle Berlin)

Abb. 9 1B1-n2-Schnellzuglokomotive, Gattung S 2 der KED Mainz, Betr.-Nr. 108, gebaut 1895 für die Main-Neckar-Bahn von John Cockerill, Fabr.-Nr. 1871.

der Cockerill'schen Lokomotiven, Betriebs-Nummer »Mainz 108« Gattung S 2 nach ihrem Umbau mit verlängerter Rauchkammer durch die Maschinenfabrik Karlsruhe. Eine von ihnen war noch im Winter 1923/24 auf dem Hauptbahnhof Darmstadt »unter Dampf«, wo sie als Heizmaschine auf einem Stummelgleis am südlichen Ende der Empfangshalle das Vorheizen der Züge besorgte und erst Ende April 1924 von dort verschwand.

Im Jahre 1840, als John Cockerill in Warschau starb, wo er ebenfalls eine Fabrik gegründet hatte, eröffnete in der Chausseestraße 23 neben dem Henning'schen Wintergarten, dem späteren Woltersdorff-Theater, ein gewisser Georg Sigl eine Fabrik für Druckereimaschinen. 1849 wurde dort die erste Papiermaschine gebaut; 1852 die erste Schnelldruckpresse geliefert. Auch die Fabrikation von Werkzeugmaschinen wurde aufgenommen. Doch all diese Aufgaben befriedigten nicht den Ehrgeiz des jungen Fabrikanten. Obwohl der Betrieb gut beschäftigt war, zog es Sigl im Jahre 1845 nach Wien, wo er die Dritte Allgemeine Gewerbe-Ausstellung besuchte und ihn dort eine Lokomotive fesselte, die aus der im Jahre 1842 gegründeten Maschinenfabrik Prevenhuber, Günther und Armbruster stammte, die später auf Günther allein überging. Die Fabrik lag in Wiener-Neustadt. Darüberhinaus existierte in Wien eine von dem amerikanischen Lokomotivfabrikanten Norris gegründete Maschinenbau-Anstalt. Norris, der einer Entwicklung des Lokomotivbaues in Europa vorbeugen wollte, hatte schon vorher versucht, in Berlin, allerdings vergeblich, Fuß zu fassen. Die preußischen Behörden hatten seinem Plan die Zustimmung versagt. In Österreich dagegen hatte er mehr Glück. Dennoch gelang es dem Berliner Georg Sigl, im Jahre 1857 diese Fabrik zu übernehmen und mit Erfolg Lokomotiven zu bauen. Vier Jahre später ging auch das Unternehmen in Wiener-Neustadt in seinen Besitz über und damit wurde er zum ernsthaften Konkurrenten der von Direktor Haswell geleiteten Maschinenfabrik der k. u. k. österreichischen Staatseisenbahn-Gesellschaft.

Das Ende des Deutsch-Französischen Krieges brachte im Jahre 1871 in Deutschland einen Lokomotivboom, sodaß die hier vorhandene Kapazität nicht ausreichte und auch im Ausland Lokomotiven gekauft werden mußten. Auch Sig! beteiligte sich an den Ausschreibungen. So lieferte er u. a. im Jahre 1874 zwanzig C-n2-Güterzuglokomotiven an die Kgl. preußische Ostbahn, wo

Abb. 10 C-n2-Güterzuglokomotive Gattung G 2 der KED Stettin Betr.-Nr. 3051, gebaut 1874 für die Kgl. Ostbahn von G. Sigl. Fabr.-Nr. 1938. (Archiv Pierson)

sie unter den Betriebsnummern 601 bis 620 liefen. Fünf von ihnen kamen später zur Eisenbahndirektion Berlin und wurden zuletzt an die Eisenbahndirektion Stettin abgegeben, wo die letzte von ihnen als Gattung G 2 mit der Betriebs-Nummer »Stettin 3051« noch im Jahre 1913 in Schwedt a.d. Oder Dienst tat (Abb. 10).

Wir werden im weiteren Verlauf sehen, wie wechselvoll das Schicksal im Lokomotivbau waltete. Der einstige Berliner Maschinenbauer Georg Sigl blieb davon ebenfalls nicht verschont. Zur Zeit, als die hier gezeigte Lokomotive gebaut wurde, befand er sich auf dem Höhepunkt seines Werkes. Drei Jahre später, am 19. September 1877, schrieb der damalige Generalvertreter für Österreich der Firma Borsig, Rudolf Netcke, an seinen Fabrikherrn und schlug ihm den Erwerb des Sigl'schen Unternehmens in Wiener-Neustadt vor, das zwar eine jährliche Maximalleistung von zweihundert Lokomotiven aufweise, derzeit jedoch bei der darniederliegenden Wirtschaft keine Lokomotiven baue und verhältnismäßig billig zu haben sei. Doch auch in Berlin herrschte damals im Bau von Eisenbahnfahrzeugen Flaute. Der Wiener Generalvertreter erhielt daher eine Absage.

STRASSE DER LOKOMOTIVFABRIKEN

»Vor einigen zwanzig Jahren sah die Chausseestraße in Berlin anders aus als heute. Vom Oranienburger Tor reihte sich eine große Maschinenfabrik an die andere in fast ununterbrochener Reihenfolge. Den Reigen eröffnete die weltberühmte Lokomotivenfabrik von Borsig mit den von Strack erbauten schönen Säulengängen, dann folgte Egells, Pflug, Schwartzkopff, Wöhlert und viele andere von geringerem Umfang. In den Straßen hinein tönte überall schallendes Geräusch und das dumpfe Pochen mächtiger Dampfhämmer erschütterte weithin den Boden, daß in den Wohnhäusern gegenüber die Fußböden zitterten, die Gläser klirrten und die Lampenkugeln klapperten. Zu gewissen Stunden war die Straße ein Flußbett mächtiger Ströme von schwärzlichen Arbeitern, die aus all den Fabriktoren in sie einmündeten, und es gab eine Zeit, da in ihr jährlich mehr Lokomotiven gebaut wurden als im ganzen übrigen Deutschland zusammengenommen. Diese Zeit ist längst vorüber und fast all diese mächtigen Fabriken sind verschwunden; das ungeheure Steigen des Bodenwertes und die notwendigen hohen Arbeitslöhne in der Stadt, in der das Leben immer teurer wurde, haben ihnen den Garaus gemacht. Teils wurden sie nach auswärts verlegt in billigere Gegenden, wo der große Raum, den solche Fabriken beanspruchen, nicht Millionen sondern nur Hunderte wert ist, teils gingen sie auch zugrunde. Die Gebäude wurden abgebrochen und die großen Plätze, auf denen sich damals eine Tätigkeit regte, sind jetzt bedeckt mit Straßen und jenen zellenreichen, himmelhohen Bienenstöcken, die man Mietskasernen nennt.« (Abb. 11).

Hier also schlug vor einem Jahrhundert mit gleich drei Fabriken in e i n e r Straße das Herz des Berliner Lokomotivbaues, wie ihn der Ingenieur und Schriftsteller Heinrich Seidel, der einst bei Wöhlert gearbeitet hatte, in seinem Roman »Lebrecht Hühnchen« so treffend schildert. Wir wollen dem Herzschlag dieser Straße in den nun folgenden Kapiteln nachspüren und sehen, was aus ihr hinausging in die Welt des Schienenstranges.

Chausseestraße 1

Beim Besuch der Berliner Gewerbeausstellung 1844 lernten wir schon kurz den späteren Lokomotivkönig August Borsig kennen. Über ihn ist bereits so ausführlich geschrieben worden, daß wir uns gleich seinem Werk selbst zuwenden wollen. Als Faktor der Neuen Berliner Eisengießerei von Egells faßte er im Jahre 1836 den Plan, sich selbständig zu machen. Hierzu erwarb er in nächster Nähe der Fabrik seines bisherigen Brotherrn vom Tierarzt Bitter das Grundstück Thorstraße 46—52, das sich vom Oranienburger Tor entlang der Stadtmauer in Richtung Hamburger Tor hinzog und errichtete auf ihm einige Bretterbuden, die als Werkstatt dienten. Der nächste Schritt war der Bau einer Eisengießerei, deren Betrieb er mit einem Kupolofen begann. Am 23. Juli 1837 erfolgte der erste Guß und diesen Tag erklärte der junge Unternehmer als Gründungstag seiner Firma. Ein Jahr später erwarb er das Grundstück Chausseestraße 1 vom Stadtgerichtssekretär Stoof hinzu und besaß nunmehr ein Terrain, groß genug, um auf ihm eine Maschinenbau-Anstalt anzulegen.

Wie in der Königlichen Eisengießerei so wurde anfangs auch hier Kunst- und Bauguß hergestellt, und wer heute durch den Berliner Tiergarten spaziert, der sollte nicht versäumen, die sog. »Lö-

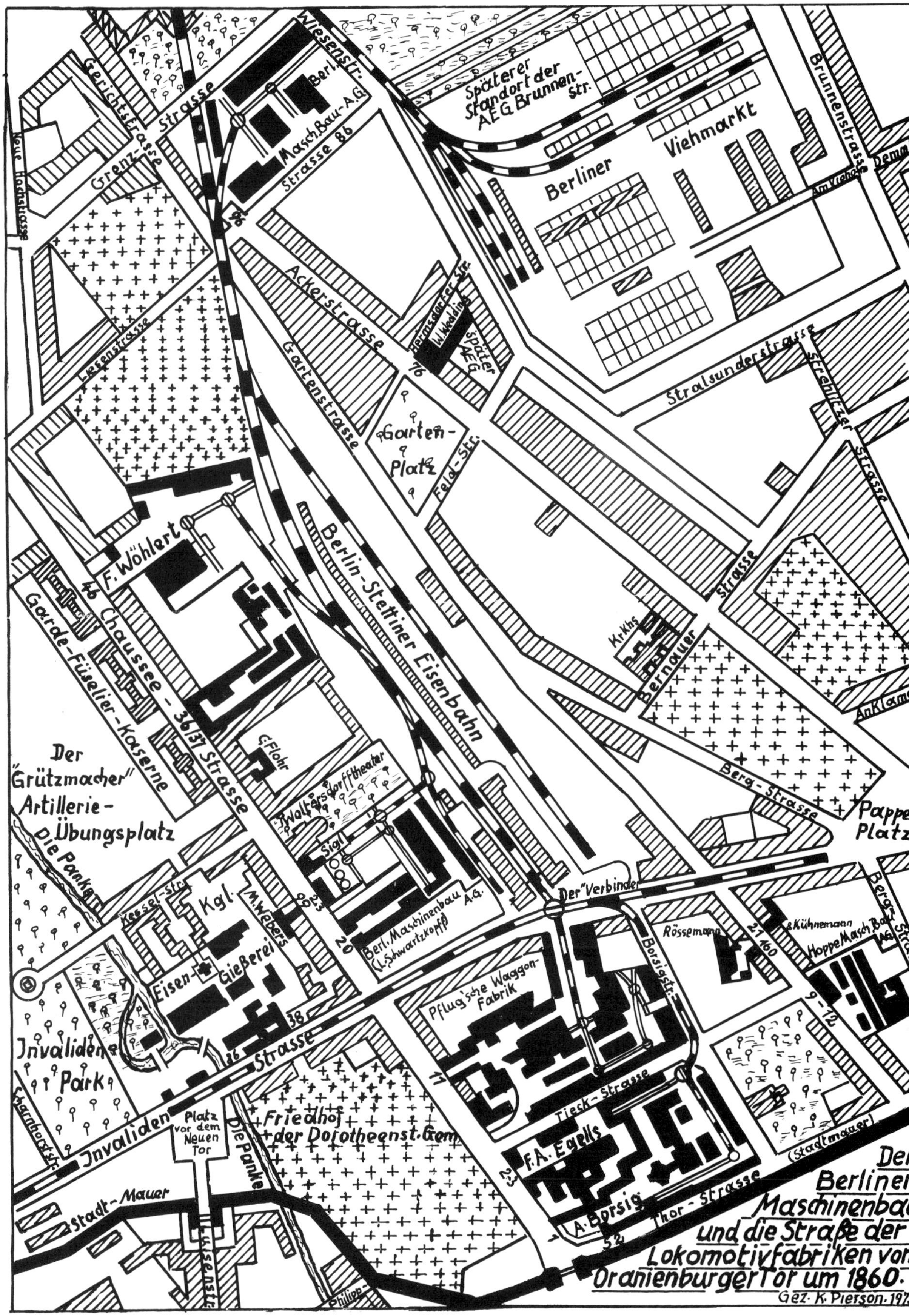

Abb. 11 Straße der Lokomotivfabriken

wenbrücke« aufzusuchen, auf der jetzt noch die vier Löwen stehen, die im Jahre 1838 bei Borsig gegossen wurden. Aber auch große Mengen gußeiserner Schienenstühle für die Berlin-Potsdamer Eisenbahn gehörten zu den ersten Aufträgen.

Gar bald ging die Fabrik zur Herstellung von Werkzeugmaschinen, Dampfmaschinen, Ölpressen, Maschinen für die Zuckerindustrie, für Kattunfabriken u. dergl. über und eine der größeren Dampfmaschinenanlagen jener Zeit war die Pumpanlage für die Wasserkunst im Park von Sanssouci im Jahre 1842.

Die Gründung der Borsig'schen Maschinenbau-Anstalt fiel zeitlich mit den Anfängen des Baues von Eisenbahnen in Preußen zusammen. Es lag nahe, daß deren Verwaltungen Schienen und Lokomotiven aus England und Amerika bezogen. So heißt es in Berichten jener Tage über die Eröffnung der Berlin-Potsdamer Eisenbahn, daß sie »6 Stück Dampfwagen bester Qualität bei R. Stephenson & Co in Newcastle bestellte«. Als drei Jahre später die Berlin-Anhaltische Eisenbahn-Gesellschaft ihren Betrieb aufnahm, beschaffte auch sie zunächst ihre Maschinen von Stephenson & Co.

Zu diesem Zeitpunkt hatte August Borsig zusammen mit einem früheren Mitarbeiter von Egells, Friedrich Wöhlert, seinen ersten Dampfwagen fertiggestellt. Er war dabei von der Konstruktion des amerikanischen Lokomotivfabrikanten William Norris ausgegangen, die eine rückwärtig liegende Treibachse sowie zwei vordere, in einem Drehgestell zusammengefaßte Laufachsen aufwies. Borsig entschied sich aber von vornherein für eine höhere Leistung, indem er den Kessel verlängerte, dessen Gewicht er auf die vor dem Stehkessel liegende Treibachse sowie auf das vordere Drehgestell und auf eine hinter dem Stehkessel befindliche Laufachse verteilte. Die Steuerung freilich, die der Dampfzu- und Verteilung in den Zylindern diente, führte er nach englischem Vorbild aus.

Die Berlin-Anhaltische Eisenbahn übernahm nach zufriedenstellener Probefahrt diesen »Dampfwagen« und bestellte weitere Lokomotiven bei Borsig. Darunter befand sich auch die 1A1-Lokomotive »Beuth«, die wir auf der Gewerbeausstellung Berlin 1844 kennen gelernt haben. Von den in den Jahren seit Eröffnung der Bahn bis zu ihrer Verstaatlichung im Jahre 1882 beschafften 185 Lokomotiven stammten allein 165 Stück aus der Lokomotivfabrik Borsig, 15 Stück von Stephenson, eine von der Société du Renand, Brüssel und 4 Stück B-n2-Tenderlokomotiven von F. Schichau, Elbing, aus dem Jahre 1884.

Das besondere Ansehen, das seine Lokomotiven von Anfang an genossen, beruhte nicht zuletzt auf der Tatsache, daß August Borsig unablässig bemüht war, sie zu vervollkommnen. Er war nicht nur ein tüchtiger Maschinenbauer sondern auch ein rastloser Erfinder, der eine Reihe Patente anmeldete. Damit glich er seinem Vorgänger Dr. Kufahl, und wie dieser, so hatte auch er schon die Vorteile des überhitzten Wasserdampfes erkannt. Bereits ein halbes Jahr vor Indienststellung seines ersten Dampfwagens wurde August Borsig am 14. Januar 1841 ein Patent auf acht Jahre über einen Lokomotivkessel erteilt. Das Verblüffende hierbei war, daß im Text dieser Patentschrift bereits die grundsätzlichen erfinderischen Merkmale des späteren Lokomotivüberhitzers niedergelegt sind, wie man den Kesseldampf, um ihn von mitgerissenen Wasserteilchen zu befreien, auf seinem Weg zu den Zylindern in einzelne Dampfströme zerlegt und diese vermittels Heizgase oder anderer heißer Medien aufheizt. Die hierfür angefertigte Zeichnung, wohl die älteste erhaltene, von deutscher Hand hergestellte Lokomotivkessel-Zeichnung, läßt den Borsigschen

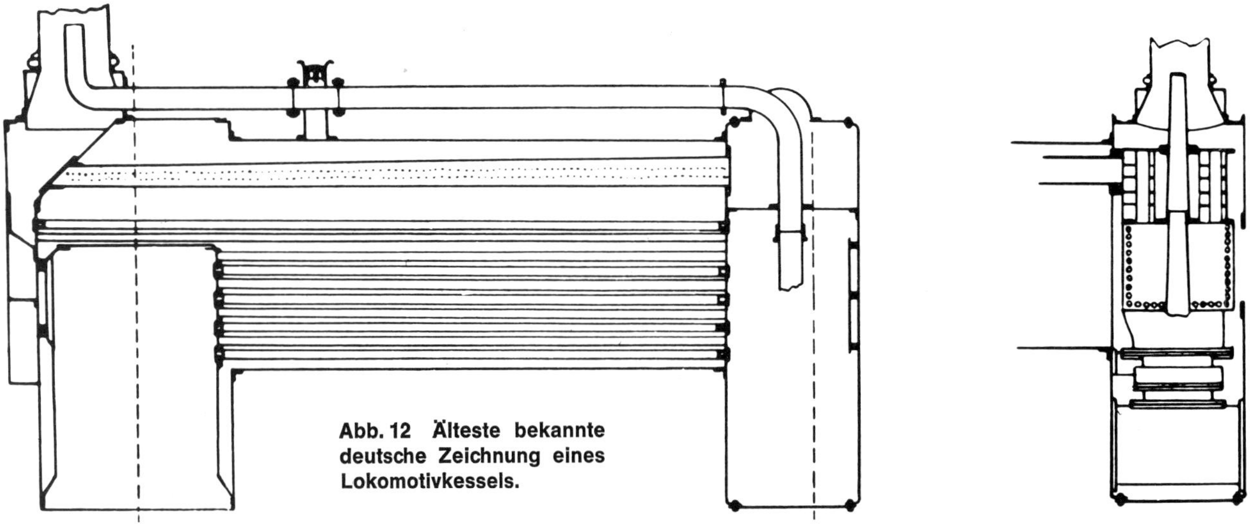

Abb. 12 Älteste bekannte deutsche Zeichnung eines Lokomotivkessels.

Gedanken eines Lokomotivüberhitzers erkennen (Abb. 12). Zusammen mit diesem Patent erhielt der Erfinder noch ein weiteres über 6 Jahre auf eine selbsttätige Kesselspeisevorrichtung, ferner am 30. März 1841 ein solches über 5 Jahre auf einen Lokomotiv-Feuerrost und am 19. Oktober 1843 ein über 8 Jahre laufendes Patent für eine Expansionssteuerung für Lokomotiven.

Obwohl Borsig im Jahre 1845 die ersten beiden gekuppelten Güterzuglokomotiven für die Berlin-Stettiner Bahn baute, galt sein Hauptaugenmerk nach wie vor der dreiachsigen Lokomotive mit in der Mitte liegender Treibachse. Er verlängerte den Kessel, was wiederum eine Verlegung der hinteren Laufachse *vor* den Stehkessel nach sich zog, um den Radstand nicht zu groß werden zu lassen. Es war ein Versuch, die 1A1-Bauart für jede Einsatzmöglichkeit vorzusehen. So entstand die 1A1-Lokomotive einmal als Schnelläufer, wie sie später vor allem bei der Cöln-Mindener Eisenbahn anzutreffen und für hohe Geschwindigkeit bei verhältnismäßig geringer Zugkraft bestimmt war, zum andern als Gemischtzuglokomotive, gleichermaßen für Personenzug- wie für Güterzugdienst geeignet, wie beispielsweise bei der Potsdamer-Magdeburger oder bei der Stargard-Posener Eisenbahn.

Für die Borsig-Lokomotiven der damaligen Zeit bemerkenswert war der kuppelartig gestaltete Stehkessel zum Zweck eines hohen Wasser- und Dampfraumes über der Feuerbuchse, eine Konstruktion, von der Borsig nur abging, wenn es vom Kunden ausdrücklich gewünscht wurde. Der Rundkuppel-Stehkessel der bis 1848 an über 200 Neubauten zur Ausführung kam und auch später noch, vereinzelt bis 1861, bei leichten Tenderlokomotiven der Cöln-Mindener Eisenbahn angetroffen wurde, wurde von Fabriknummer 208 an auf Wunsch eines Bestellers, der Sächsisch-Bayrischen Eisenbahn, als Vierseitenkuppel ausgeführt. Diese Bauart, von den Personalen als »Heuschoberfeuerbuchse« bezeichnet, war bei ihnen sehr beliebt und bis etwa 1868 das Kennzeichen der meisten Neubauten der Lokomotivfabrik A. Borsig. Sie wurde auch zum Kennzeichen jener Lokomotivtype, die als 1A1-Schnellzugmaschine mit in der Mitte liegender Treibachse von 1980 mm Durchmesser und einem Radstand von 4572 mm zunächst auf der Cöln-Mindener Eisenbahn Eingang fand und später mit waagerecht angeordneten Außenzylindern und innenliegender Steuerung zum Vorgänger einer Regelbauart preußischer Schnell- und Personenzuglokomotiven wurde. Von den im vorigen Jahrhundert entstan-

Abb. 13 **1A1-n2-Schnellzuglokomotive Gattung VI a der Leipzig-Dresdener Bahn. Gebaut 1858. Fabrik-Nr. Borsig 988. (Archiv Pierson)**

denen norddeutschen Lokomotivbaufirmen wurde diese als »Borsigsche Originaltype« bekannt gewordene Bauart fast ohne jede Änderung nachgebaut. So wurden auf den Bahnen des »Vereins Deutscher Eisenbahn-Verwaltungen« rund 700 Stück in Betrieb genommen. An ihrer Herstellung waren zwanzig in- und ausländische Lokomotivbau-Anstalten beteiligt, doch baute Borsig allein hiervon 458 Stück, d. h. über 65 %. Einige dieser trefflichen Maschinen überlebten sogar die Jahrhundertwende, wie der sächsische Schnelläufer, den Borsig im Jahre 1858 an die Leipzig-Dresdener Eisenbahn lieferte (Abb. 13).

Im gleichen Jahr beging die Firma Borsig das Jubelfest ihrer 1000. Lokomotive, die sich von der hier dargestellten Maschine kaum unterschied und als fünfundzwangzigster »Schnelläufer« der Cöln-Mindener Eisenbahn den Namen »Borussia« trug. Diese »Schnelläufer« versahen nun den Schnellzugdienst Berlin – Cöln über Potsdam – Magdeburg – Braunschweig – Lehrte – Hannover – Minden bis zum Cöln-Mindener Bahnhof in Deutz. Aus Anlaß der 1000. Lokomotive erfuhr auch die Fabrik in der Chausseestraße eine künstlerische Ausgestaltung, die eingangs von Heinrich Seidel erwähnt wurde und zu den Se-

Abb. 14 **Ansicht der Lokomotivfabrik Borsig aus dem Jahre 1868. (Archiv Pierson)**

henswürdigkeiten des damaligen Berlins gehörte (Abb. 14).
Neben seiner Schnelläufertype hatte August Borsig Anfang der fünfziger Jahre auch noch eine 1B-Innenzylindermaschine mit einem Treibraddurchmesser von 1830 mm herausgebracht, um die inzwischen gestiegenen Anforderungen an die Zugleistung mit gekuppelten Maschinen aufzufangen. Eines der ersten Exemplare dieser 1B-Bauart ging mit dem Namen »Preußen« und der Betriebsnummer 36 an die Kgl. Preuß. Ostbahn. Daneben wurde die erste 1B-n2-Schnellzuglokomotive mit Außenzylindern und durchhängendem Stehkessel im Jahre 1853 für die Strecke Chemnitz-Riesa gebaut, deren Grundkonzeption in großen Zügen von dem bekannten Eisenbahningenieur Max Maria v. Weber stammte.
Schon bei der Konstruktion mit Innenzylindern hatte sich eine hohe Belastung der Laufachse ergeben; bei Außenzylindern mußten diese vor die Laufräder geschoben werden, um einen zu großen Radstand zu vermeiden. So wurde die 1B-Außenzylindermaschine stark vorderlastig, weshalb man diesem Mangel durch Verschieben schwerer Kesselaufbauten vom Langkessel zum Stehkessel hin abzuhelfen suchte.
Auf den Strecken der Berlin-Potsdam-Magdeburger Eisenbahn waren als Höchstgeschwindigkeit 90 km/h zugelassen; gefahren wurde oft bis zu 113 km/h. Die Verwaltung setzte hierfür Schnellzuglokomotiven mit einem Treibraddurchmesser von über 1900 mm ein und bevorzugte außerdem die Bauart nach Hall mit Außenrahmen und Hall'schen Kurbeln, wie sie zuerst bei der Niederschlesisch-Märkischen Eisenbahn auf Betreiben ihres Obermaschinenmeisters Wöhler zur Einführung kam. Borsig hatte zu diesem Zweck zwei verschiedene Ausführungen entwickelt, einmal eine solche mit überhöhtem Stehkessel, wie z. B. bei der 1B-n2-Schnellzuglokomotive »Selke«, gebaut 1869, später »Magdeburg 140«, und zum andern mit Cramptonkessel, wie bei der 1B-n2-Schnellzuglokomotive »Leitha«, gebaut 1873 unter Fabriknummer 3031 und ausgestellt auf der Wiener Weltausstellung 1873. Die Maschine, die später die Betriebsnummer »Magdeburg 227« bzw. später »Halle 227« führte, wies einen gemeinsamen Radkasten für die beiden Triebachsen auf, der in den Führerstand hineinragte und auf dem der Steuerbock mit Steuerschraube montiert war. Die Hinterachse lag unter dem Stehkessel, dessen kupferne Feuerbuchse nach Belpaire ausgebildet war. Dennoch wurden gegen Ende des vorigen Jahrhunderts die meisten Schnell- und Personenzuglokomotiven mit zwei gekuppelten Achsen in der konventionellen Bauweise jener Zeit mit Innenrahmen sowie Außenzylindern und innenliegender Allansteuerung herausgebracht, und diese Anordnung fand später in die preußischen Normalien ebenfalls Eingang.
Auch bei den Güterzuglokomotiven galt sie als Normalausführung. Wir sahen, daß Borsig bereits 1845 zweifach gekuppelte Lokomotiven für Güterzüge baute. Im Jahre 1856 lieferte er die ersten B1-n2-Güterzuglokomotiven mit Außenzylindern in Deutschland unter Fabriknummer 668 bis 675 an die Kgl. Ostbahn. Diese Maschinen besaßen einen äußeren Hilfsrahmen und fielen durch ihren langen Radstand (4393 mm) auf. Ihnen folgten – jedoch ohne Hilfsrahmen – 42 Stück in den Jahren 1859/60. Die B1-Bauart – im Sprachgebrauch der Personale »Scherenmaschine« genannt wegen der Lage der Treib- zur Kuppelstange, war in Norddeutschland sehr beliebt und von Borsig außer an die Kgl. Ostbahn auch an die Berlin-Hamburger, die Hinterpommersche, die Oberschlesische sowie die Berlin-Anhaltische Eisenbahn geliefert worden. Abb. 15 zeigt eine solche Maschine für die letztgenannte Gesellschaft als letzte einer langen Reihe von B1-

Abb. 15 B1-n2-Güterzuglokomotive der Berlin-Anhaltischen Eisenbahn Nr. 117. Gebaut 1872. Fabrik-Nr. Borsig 2831. (Archiv Pierson)

Lokomotiven aus den Jahren 1865 bis 1872. Sie wurde unter Fabriknummer 2831 gebaut, trug den Namen »Gravelotte« und erhielt die Bahn-Nr. 117. Im Jahre 1883 kam sie zur KED Erfurt als Betriebsnummer 543; zwölf Jahre später unter gleicher Nummer zur KED Halle.

Etwa zur gleichen Zeit brachte das von dem Schweizer Ingenieur Mallet erdachte Prinzip stufenweiser Ausnutzung des Dampfes, das sog. Verbundsystem, auch im Lokomotivbau einen bedeutenden Fortschritt. In Preußen wurde die erste Maschine dieser Art, eine 1A-Omnibuslokomotive, im Jahre 1880 als Versuchsobjekt von Ferdinand Schichau in Elbing für die Kgl. Eisenbahndirektion Hannover gebaut. Hier machte der damalige Maschinenbaumeister August v. Borries ausgedehnte Tests und entwickelte in deren Verlauf zunächst eine Kleinserie von 1B-n2v-Schnellzuglokomotiven mit mehrfacher Dampfdehnung, die er im Jahre 1884 dem Fahrbetrieb übergab. Dabei hatte er bei diesen, gleichfalls zweifach gekuppelten Maschinen, die Zylinder hinter die Laufachse gesetzt, um möglichst geringe überhängende Massen zu bekommen, wobei er sich in etwa an die Personenzuglokomotiven der Westfälischen Eisenbahn aus dem Jahre 1875 an-

Abb. 16 1B n2v Personenzuglokomotive, Gattung P 3, der Preuß. Militär-Eisenbahn Nr. 12. Gebaut 1899. Fabrik-Nr. Borsig 4706. (Archiv Pierson)

lehnte. Wegen der Lage der Zylinder neben dem Rundkessel konnte das Dampfzuführungsrohr nicht mehr durch die Rauchkammer geleitet sondern mußte außen am Kessel entlanggeführt werden. Das Verbinderrohr zum Niederdruckzylinder, lag anfangs zwischen den Rahmenplatten; es wurde später parallel zum Einströmrohr um den Kessel herumgelegt, um den Verbinderraum zu vergrößern. Der Sandkasten lag auf der Blechverkleidung der beiden Rohre (Abb. 16). Das Bild zeigt eine solche, von Borsig im Jahre 1899 für die Königl. Preuß. Militäreisenbahn gebaute Personenzuglokomotive, die der Verfasser noch während des ersten Weltkrieges oft vor Zügen von Schöneberg bei Berlin nach Jüterbog erlebte.

Abb. 17 C-n2-Güterzuglokomotive der späteren KED Magdeburg, Nr. 1067. Gebaut 1876, Fabrik-Nr. Borsig 3475. (Archiv Pierson)

Für den Güterzugdienst aber war zu jener Zeit die dreiachsige, dreifach gekuppelte Lokomotive schon zur gängigen Konstruktion der einschlägigen Industrie geworden, die sich mit ihr bereits seit 1853 befaßt hatte. Alle Eisenbahngesellschaften bestellten solche Maschinen, deren Äußeres entsprechend den Gepflogenheiten der betr. Verwaltung variierte. Als Beispiel möge eine C-n2-Güterzuglokomotive etwas näher betrachtet werden, die von Borsig im Jahre 1876 unter Fabriknummer 3475 an die Magdeburg-Halberstädter Eisenbahn geliefert wurde, und deren Kessel am 13. Juli 1900 zwischen Magdeburg und Haldensleben zerknallte (Abb. 17). Wir bringen das Bild deshalb, weil es den nach einer solchen Explosion typischen Zustand des Kessels darstellt. Solche Ereignisse waren damals nicht selten und ereigneten sich meistens nach etwa zwanzigjähriger Dienstzeit. Abzehrungen im Innern des Kessels oder am Nietring des Dampfdomes waren meistens die Ursache. Das Bild zeigt die Maschine mit der für Borsig eigentümlichen Konstruktion des Stehkessels mit halbrund überhöhter Decke und dem kandelaberartigen Abdampfaufsatz für das Sicherheitsventil. Bemerkenswert ist auch die Ausgestaltung des Führerhauses, das, von der Druckwelle der Explosion verschont, einen Vorbau aufweist, wie er in den siebziger Jahren öfters anzutreffen war.

An dieser Stelle ist es nun an der Zeit, sich auch mit dem Bau der zweifach gekuppelten Tenderlokomotive zu befassen, wie sie schon frühzeitig von Borsig konstruiert worden war. Bereits um 1854 baute die Fabrik für die Cöln-Mindener Eisenbahn sieben Stück B-n2-Tenderlokomotiven mit einem Treibraddurchmesser von 1016 mm. Mit dem gleichen Treibradsatz erhielt die Cöln-Mindener in den Jahren 1857 bis 1869 von Borsig dreißig Stück B1-n2-Tenderlokomotiven, die als Besonderheit noch den Norris-Stehkessel, d. h. Rundkessel mit Kuppel, aufwiesen und von denen zum mindesten eine Maschine in bildlicher Darstellung in der einschlägigen Literatur zu finden ist: Die Maschine »Hannover 1525«, gebaut 1861 unter Fabriknummer 1277, die um 1906 ausgemustert wurde. Auch die Bergisch-Märkische Eisenbahn erhielt um 1863 drei Stück B1-n2-Tenderlokomotiven mit einem Reibungsgewicht von 25 t für die Zweigstrecke Lethmathe-Iserlohn mit einer Steigung von 1 : 40.

Der Bau von dreiachsigen, zweifach gekuppelten Tenderlokomotiven für Vollbahnen erhielt jedoch seinen besonderen Auftrieb erst durch Schaffung des bedeutendsten Nahverkehrsmittels in Preußen, der Berliner Stadt- und Ringbahn, in den Jahren 1872 bis 1882. Es entstanden bestimmte Lokomotivbauarten für die in den siebziger Jahren in Betrieb genommene Ringbahn und solche,

Abb. 18 1B-n2-Personenzug-Tenderlokomotive, Gattung T4, der Kgl. Preuß. Militär-Eisenbahn Nr. 203. Gebaut 1892. Fabrik-Nr. Borsig 4355. (Archiv Pierson)

die speziell für die 1882 eröffnete Stadtbahn entwickelt worden waren. Als dann immer mehr Vorortstrecken an das innerstädtische Eisenbahnnetz angeschlossen wurden, schritt man zum Bau einer in ihrer Art sehr leistungsfähigen 1B-n2-Tenderlokomotive der preußischen Gattung T 4, die später von der KPEV in größerer Stückzahl beschafft wurde und auch bei der Kgl. Militäreisenbahn Eingang fand (Abb. 18). Die abgebildete Maschine war 1892 von Borsig unter Fabriknummer 4355 gebaut worden und bis 1919 im Dienst. Zuletzt fuhr sie den Nahzug von Sperenberg nach Zossen an der Dresdener Bahn. In den Jahren 1919 und 1920 wurden die Tenderlokomotiven der Militärbahn verschrottet.

Und noch etwas ist an dieser Lokomotive bemerkenswert: Sie stammte nämlich nicht mehr aus der legendären Lokomotivfabrik in der Chausseestraße, weil diese infolge des frühzeitigen Todes ihres zweiten Besitzers, Albert Borsig, für dessen unmündige Kinder von einem Kuratorium verwal-

Abb. 19 B+B-n4v-Schmalspur-Tenderlokomotive „Braunschweig" der früheren Gernrode-Harzgeroder Eisenbahn. Gebaut 1905, Fabrik-Nr. Borsig 5466. (Archiv Pierson)

tet und aus konjunkturbedingten Gründen am 1. Oktober 1886 geschlossen worden war. Der Lokomotivbau wurde in das ehemalige Eisenwerk in Moabit verlegt, das zusammen mit einer in unmittelbarer Nähe gelegenen Maschinenfabrik den Schwerpunkt Borsigscher Unternehmen in Berlin bildete. Hier in Moabit wurden von 1886 bis 1898 etwa 550 Lokomotiven gebaut, daneben aber auch Maschinendrehgestelle (Dampfbogies) für die nach Plänen des englischen Civilingenieurs W. R. Rowan konstruierten Dampftriebwagen für Klein- und Straßenbahnen. Die beiden ersten von Borsig im Jahre 1881 gelieferten Dampfbogies gingen an die Hoya-Eystruper Eisenbahn und waren dort über dreißig Jahre in Betrieb. Den Hauptanteil erhielt jedoch s. Zt. die Berliner Dampfstraßenbahn (24 Stück) in der Zeit von 1886 bis 1890.

Im gleichen Jahr begann man in Moabit auch mit dem Bau von Klein- und Schmalspurlokomotiven. Zunächst gingen fünf schmalspurige Dampfbogies für Straßenbahnen nach Saarbrücken; es folgten 1893 die ersten drei C-n2-Schmalspur-Tenderlokomotiven für die Nebenbahn Rhein-Ettenheimmünster mit einer Spurweite von 1000 mm. Den Dampfbogies verwandt waren Schmalspurlokomotiven Bauart Mallet mit vorderem Dampfdrehgestell. Eine solche Maschine lieferte Borsig beispielsweise im Jahre 1896 an die Kleinbahn Müllheim-Badenweiler mit der Betriebsnummer 1. Auch sie war für 1000-mm-Spur gebaut, besaß an der hinteren, festen Antriebsgruppe die Hochdruck-, und an der vorderen beweglichen Antriebsgruppe die Niederdruckzylinder. Nach diesem Prinzip wurden derartige Lokomotiven in der Folgezeit an unterschiedliche Kleinbahnen geliefert. Eine von ihnen war die Gernrode-Harzgeroder Eisenbahn. Für sie wurden drei Mallet-Lokomotiven gebaut (Abb. 19), die entgegen den Gewohnheiten der Bahn die

Abb. 20 B-n2-Tenderlokomotive Betr.-Nr. 8 der Südwestdeutschen Eisenbahn-Gesellschaft, Strecke Billigheim-Oberschefflenz. Gebaut 1908, Fabrik-Nr. Borsig 6769.
(Foto: Pfenningstorff)

Namen »Anhalt« – »Braunschweig« – »Preußen« trugen. Im ersten Weltkrieg wurden sie an den Oberbefehlshaber des Feldeisenbahnwesens abgegeben.

Auf dem Gebiet der normalen Klein- und Nebenbahnlokomotiven verfügte Borsig über einen weiten Kundenkreis. Aus der Vielzahl der hierfür gelieferten Maschinen seien zwei Stück B-n2-Schmalspur-Tenderlokomotiven aus dem Jahre 1908 erwähnt, die unter Fabrik-Nr. 6688 und 6689 für das rd. 170 km umfassende Gleisnetz der »Straßburger Straßenbahn-Gesellschaft« mit den Betriebsnummern 52 und 53 übernommen wurden. Ebenfalls aus jener Zeit stammen zwei normalspurige B-n2-Tenderlokomotiven, die unter Fabrik-Nr. 5330 bzw. 6769 an die »Deutsche Eisenbahn-Betriebsgesellschaft« gingen und später mit den Betriebsnummern 6 bzw. 8 der »Südwestdeutschen Eisenbahn-Gesellschaft« auf der Strecke Oberschefflenz-Billigheim Dienst taten (Abb. 20).

Doch damit sind wir bereits über die Jahrhundertwende hinaus, die auch für die Firma einen neuen Abschnitt bedeuten sollte. Nach erlangter Volljährigkeit der Söhne von Albert Borsig schufen diese im Norden Berlins am Tegeler See eine nach damaligen Maßstäben hochmoderne Maschinen- und Lokomotivfabrik, die im Oktober 1898 ihre Fertigung aufnahm und damit zur Schließung der bisherigen Moabiter Betriebe führte. Mit dieser neuen Fertigung hatte die Vielfalt im Borsigschen Lokomotivbau ihr Ende gefunden, denn schon seit etwa zwanzig Jahren bestanden bereits für das größte deutsche Eisenbahnunternehmen, die Königl. Preußisch-Hessischen Staatsbahnen, Normalien für die meisten, aus betrieblichen Anforderungen heraus entstandenen Lokomotivgattungen. Aus der weit verbreiteten dreiachsigen, zweifach gekuppelten Schnell- bzw. Personenzuglokomotive hatte sich eine vierachsige Bauart mit vorderem Drehgestell entwickelt, und als im Jahre 1898 die Stettiner Lokomotivfabrik »Vulcan« in Anlehnung an diese Bauart die erste Heißdampflokomotive der Welt für die KED Hannover herausbrachte, lieferte ein Jahr später auch Borsig in Tegel eine solche Ma-

Abb. 21 2B-h2-Schnellzuglokomotive, Gattung S 4, der KED Halle, Betr.-Nr. 419. Gebaut 1906, Fabrik-Nr. Borsig 5588. (Archiv Pierson)

schine, mit der das Unternehmen auf der Pariser Weltausstellung 1900 Aufsehen erregte. Die ersten Serienbauten an Heißdampflokomotiven hatten das Rohrbündel des nach seinem Erfinder Wilhelm Schmidt genannten Überhitzers noch in der Rauchkammer. Später wurde das Überhitzer-Rohrbündel, mit dem der vom Kessel kommende Naßdampf zwecks Aufheizung durch die Rauchgase in zahlreiche Einzelströme zerlegt wurde, allgemein in besonderen Rauchrohren untergebracht, wie dies bereits der Grundgedanke von August Borsig gewesen war (vergl. Abb. 12). Von diesen 2'B-h2-Schnellzuglokomotiven hat die Firma Borsig nach 1900 eine beträchtliche Anzahl hergestellt (Abb. 21).
An der Schwelle des zwanzigsten Jahrhunderts konnte der Lokomotivbau Borsig bereits auf eine lange Reihe von Eisenbahnunternehmen als Kunden zurückblicken. Waren es anfangs die in rascher Folge aufstrebenden Eisenbahngesellschaften Norddeutschlands, so erweiterte sich der Absatz bald auch über Deutschlands Grenzen hinaus. Der größte ausländische Kunde war mit Abstand Rußland, das bis zum Jahre 1902 insgesamt 782 Lokomotiven bezog, gefolgt von Holland mit 179 Lokomotiven, danach Dänemark, Italien u. a. Diese stolze Bilanz konnten die Brüder Ernst und Conrad Borsig anläßlich der Fertigstellung der 5000. Lokomotive, einer 2'B-n2v-Schnellzuglokomotive Gattung S 3 für die KED Stettin am 21. Juni 1902 ziehen. Hatte bei der Fertigstellung der 1000. Lokomotive im Jahre 1858

Abb. 22 C1-n4z-Tenderlokomotive, Gattung T 26, der ED Erfurt Nr. 9012. Gebaut 1920, Fabrik-Nr. Borsig 10778. (Foto: Pierson)

Abb. 23 2'B2' Diesel-Personenzug-Lokomotive, Gattung VS, der KPEV. Gebaut 1912. Fabrik-Nr. Borsig 7409. (Archiv Pierson)

noch die Bevölkerung, vornehmlich aus Moabit, Anteil an den öffentlichen Festlichkeiten, so beschränkte sich die Jubelfeier der 5000. Lokomotive auf die Werksangehörigen. Daneben richtete das berühmte Berliner Hotel Adlon für einen großen Kreis geladener Gäste aus Wirtschaft und Politik in den Festsälen am Zoo die Festtafel her und das Musikkorps des 4. Garde-Grenadier-Regiments zu Fuß stellte den musikalischen Rahmen. Damals verstand man noch aus einem solchen Anlaß Feste zu feiern!

Schon vier Jahre später verließ die 6000. Lokomotive die Tegeler Werkstätten. Es war eine C1-n4z-Tenderlokomotive für die preußische Eisenbahndirektion Saarbrücken, Betriebsnummer 9003. Diese mit dem Gattungszeichen T 26 versehene Zahnradlokomotive mit außenliegendem Adhäsions- und innenliegendem Zahnradtriebwerk war nicht die erste ihrer Art. Schon im Jahre 1904 gingen solche Maschinen aus Tegel an die KED Erfurt, wo sie auf den Zahnradstrecken des Thüringer Waldes fuhren. Auch die Fabriknummer 8000, die am 4. November 1911 unter Betriebsnummer 9005 an die Königl. Preußische und Großherzogliche Hessische Eisenbahndirektion Mainz ging, war eine T 26, bestimmt für die Strecke Boppard-Kastellaun. Insgesamt lieferte Borsig 32 Stück an die preußische Staatsbahnverwaltung; die letzten vier gingen im Jahre 1921 an die Direktionen Erfurt und Mainz (Abb. 22).

Doch bis dahin sollte noch manche Lokomotive besonderer Art die Werkhallen in Tegel verlassen. Vor allem konnte man sich dort rühmen, die erste Großdiesellokomotive der Welt gebaut zu haben, eine 2'B2'-Personenzugmaschine für die KPEV, die im Jahre 1912 unter Fabriknummer

Abb. 24 2'C-n4v-Personenzug-Lokomotive der PLM für Algerien. Gebaut 1909. Fabrik-Nr. Borsig 7000. (Archiv Pierson)

7409 geliefert und durch einen 1000 PS umsteuerbaren Sulzer-Zweitakt-Dieselmotor, Typ D, mit vier einfach wirkenden Zylindern angetrieben wurde (Abb. 23). Je zwei Zylinder arbeiteten direkt auf einen Kurbelzapfen der gekröpften Kurbelwelle, zu der sie unter einer Neigung von 45° angeordnet waren. Der direkte Antrieb ohne Zwischengetriebe erwies sich jedoch als schwerwiegender Nachteil, sodaß nach mehrfachen Brüchen an Motor und Kurbelwelle die Probefahrten eingestellt wurden, die durch den 1. Weltkrieg sowieso unter einem ungünstigen Stern standen. Im Dezember 1920 kehrte die Diesellokomotive nach Tegel zurück und wurde dort demontiert.

Ebenfalls aus jener Zeit stammte eine 2'C-n4v-Personenzugmaschine für die Paris-Lyon-Mittelmeerbahn, Fabrik-Nr. 7000, die für die Algerischen Strecken bestimmt war (Abb. 24). Sie zeigt die für die de Glehn'sche Bauart typische doppelte Steuerung und die damals häufig angewandte windschnittige Form.

Doch damit sind wir schon bei den dreifach gekuppelten Lokomotiven, die zwei Jahrzehnte hindurch das Bild auf Deutschlands Strecken beherrschten. Bei Borsig waren es nicht zuletzt jene umfangreichen Lieferungen der 1'C-h2-Personenzug-Tenderlokomotiven für die Berliner Stadt-, Ring- und Vorortbahnen (Abb. 25), die in Tegel ab 1905 gebaut wurden und in der Literatur mehrfach ausführlich behandelt worden sind. Die abgebildete Maschine zeigt eine Sonderausführung mit Heißdampfregler.

Ganze sechzig Jahre nach jenem strahlenden Sommertag, da Albert Borsig, und mit ihm ganz Berlin, die Ablieferung der 1000. Lokomotive in unbeschwerter Fröhlichkeit begingen, fügte ein Listenführer im Bestellbüro der Firma der »Eins« eine vierte »Null« hinzu. Doch welch ein Gegensatz gegen einst! An einem trüben Oktobertag des Jahres 1918 versammelte sich eine durch vier Jahre Krieg ausgemergelte Belegschaft um eine bekränzte sechsachsige, fünffach gekuppelte

Dreizylinder-Heißdampf-Güterzuglokomotive der preußischen Gattung G 12, die unter Betriebsnummer 5566 als zehntausendste Lokomotive von Borsig an die damals noch Königl. preußische Eisenbahndirektion Münster ging. Ein paar Reden vor der Jubilarin in der Montagehalle – dann ging man wieder auseinander. Bei der 11000. Lokomotive, einer 1'D1'-h3-Personenzuglokomotive, Gattung P 10 für die preußische Eisenbahndirektion Elberfeld, die am 8. April 1922 verabschiedet

Abb. 25 1'C h2-Personenzug-Tenderlokomotive, Gattung T 12, der preußischen Staatsbahnverwaltung. Betriebsnummer Berlin 8715. Gebaut 1921. Fabrik-Nr. Borsig 11031. (Foto Pierson)

Abb. 26 1'E1'-h2-Steilrampen-Tenderlokomotive der preuß. Bauart T 20, Nr. 95 015. Gebaut 1923. Fabrik-Nr. Borsig 11652. (Archiv Pierson)

Abb. 27 Feierabend bei Borsig und Probefahrt der E-h2-Güterzuglokomotive, Gattung G 10, der preuß. ED Erfurt Nr. 5508. Gebaut 1920. Fabrik-Nr. Borsig 10728. (Foto: Pierson)

wurde, war es nicht viel anders: Die Inflation der Nachkriegszeit strebte ihrem Höhepunkt zu.
Trotzdem wurde verbissen an neuen Konstruktionen gearbeitet. Im gleichen Jahr wurde die erste schwere 1'E1'-h2-Steilrampen-Tenderlokomotive der preußischen Gattung T 20 gebaut (Abb. 26). Sie war eine Weiterentwicklung aus einem Konstruktionsprogramm, das man bei Borsig unmittelbar nach dem Krieg in Angriff genommen hatte: Der Bau sog. »Mammut«-Lokomotiven, benannt nach der ersten Maschine dieser Art für die Halberstadt-Blankenburger Eisenbahn-Gesellschaft, wo insgesamt vier Stück dieser Klasse im Jahre 1920 auf der von der Station Rübeland ausgehenden Zahnradstrecke die bisherigen Zahnradlokomotiven ablösten. Weitere »Mammut«-Lokomotiven wurden für Bergwerke entwickelt, um insbesondere die schweren Sandtransporte zum Versetzen der Stollen zu befördern.
In dieser Zeit befand sich die deutsche und insbesondere die Berliner Lokomotivindustrie auf ihrem letzten Höhepunkt. Der starke Ausfall an Traktionsmitteln, der einmal durch Überbeanspruchung der Triebfahrzeuge bei mangelhafter Unterhaltung während des Krieges, zum andern durch Abgabe von 5000 Lokomotiven an die Siegermächte bedingt war, mußte zwangsläufig zu einem Lokomotivboom in den ersten Nachkriegsjahren führen. Täglich wurden bei Borsig zwei E-h2-Güterzuglokomotiven der preußischen Gattung G 10 bzw. 1'E-h3-Güterzugmaschinen der preußischen Gattung G 12 auf der Strecke Tegel-Kremmen eingefahren (Abb. 27).

Mitte der zwanziger Jahre nahm von Tegel aus eine weitere Entwicklung ihren Ausgang, die sich auf den deutschen Lokomotivbau einschneidend auswirken sollte: Die Vereinheitlichung der Lokomotivbauarten und deren Einzelteile für die Deutsche Reichsbahn-Gesellschaft. Zu diesem Zweck wurde das sog. »Vereinheitlichungsbüro« in den Räumen der Lokomotivfabrik Borsig in Berlin-Tegel eingerichtet, an dem die Lokomotivindustrie ebenso beteiligt war wie die maßgebenden Stellen der Deutschen Reichsbahn. Als Ergebnis der Arbeit dieser Institution entstanden eine Reihe Lokomotivbauarten, wie sie allen Lokomotivfreunden und Modellbauern geläufig wurden. Eine Vertreterin aus der ersten Serie der Einheitsbauart 2'C 1'-h2-Schnellzuglokomotive Reihe 01, die erstmalig 1925 von Borsig gebaut wurde, und von der die Maschine 01 008 die 12 000. Lokomotive dieser Firma war, bringen wir in Abb. 28. Fünf Jahre später brachten die Tegeler Werke die erste Einheitsbauart der 2'C 1'-h2-Schnellzuglokomotive Reihe 03 heraus. Zur gleichen Zeit erfolgte als Auslandsauftrag an Borsig eine Typisierung für die Jugoslavische Staatsbahn, und zwar für Lieferung von 40 Stück 1E-Güterzuglokomotiven, 30 Stück 1D1-Personenzuglokomotiven und 40 Stück 2C1-Schnellzuglokomotiven.

Aufgrund wachsender wirtschaftlicher Schwierigkeiten sowie nachlassender Lokomotivbestellungen vereinigte sich am 1. Januar 1930 der Borsig-Lokomotivbau mit der AEG-Lokomotivfabrik Hen-

Abb. 28 2'C1'-h2-Schnellzuglokomotive der Deutschen Reichsbahn-Gesellschaft, Reihe 01. Gebaut 1925. Fabrik-Nr. Borsig 11998. (Archiv Pierson)

nigsdorf bei Berlin zur »Borsig-Lokomotivwerke GmbH«, wobei die AEG die hierfür erforderlichen Werkstätten in die neue Firma einbrachte. Aus ihrer Produktion seien die 14 000. Borsiglokomotive, eine 1'C-Personenzuglokomotive der Ägyptischen Staatsbahn, sowie die 1'C-h2v-Personenzugmaschine mit 25 at Kesseldruck genannt, eine Sonderbauart der normalen 1'C-h2-Personenzuglokomotive, Baureihe 24.

Das Jahr 1935 brachte zum letzten Mal den fast hundertjährigen Borsig-Lokomotivbau in Führung. Die »Borsigwerke Oberschlesien«, ein ausgedehnter Bergwerks- und Hüttenkomplex bei Biskupitz, betrieben gemeinsam mit den polnisch-oberschlesischen v. Ballestremschen Gruben die »Sandbahn-Gesellschaft der Gräfl. v. Ballestremschen und A. Borsigschen Steinkohlenwerke«. Hierfür entstand 1935 eine gegenüber der ehemaligen preußischen Güterzug-Tenderlokomotive T 20 verstärkte 1'E 1'-Steilrampen-Tenderlokomotive für 23 t Achsdruck, die, den alten Entwicklungslinien der »Mammut-Klasse« folgend, sogar noch Bauteile nach alten Modellen enthielt.

Abb. 29 2'C2'-h3-Schnellfahrlokomotive der Deutschen Reichsbahn, Reihe 05. Gebaut 1935. Fabrik-Nr. Borsig 14555. (Archiv Pierson)

Ebenfalls im Jahre 1935 erfolgte der Bau der schnellsten Dampflokomotive der Welt, eine 2'C 2'-h3-Schnellfahrlokomotive, Baureihe 05, mit einer Spitzengeschwindigkeit von 200 km/h. Von den drei gebauten Einheiten befindet sich die Maschine 05 001 heute im Nürnberger Verkehrsmuseum; die Maschine 05 003 wurde 1937 als Kohlenstaublokomotive mit der von der AEG bereits früher entwickelten Kohlenstaubfeuerung ausgerüstet; sie entsprach jedoch wegen Nichtbeachtung längst bekannter Erkenntnisse und Erfahrungen nicht den in sie gesetzten Erwartungen und wurde während des II. Weltkrieges auf Normalausführung gebracht. Als im März 1945 die Kampffront von Osten her sich dem Berliner Raum näherte, verließ sie, getarnt, die Fabrik in Hennigsdorf. Ihr Firmenschild: »Borsig-Lokomotivwerke GmbH Hennigsdorf, Fabrik-Nr. 14555, Baujahr 1937, umgebaut 1945« trug den einst in Berlin berühmten Namen zum letztenmal hinaus in eine in Flammen stehende Welt (Abb. 29).

Chausseestraße 20

Vor hundert Jahren umfaßte das ausgedehnte Industrieviertel des Berliner Nordens zwei große Fabrikgelände, deren Lage durch das Achsenkreuz Invalidenstraße-Chausseestraße gekennzeichnet war (vgl. Abb. 11). Südlich der Invalidenstraße breitete sich der Werkhallenkomplex von Borsig, Egells und Pflug aus, während das nördliche, langgestreckte Industrieareal jeweils mit einer Lokomotivfabrik begann und abschloß. Dazwischen hatten sich beiderseits der Chausseestraße kleinere Maschinenbauanstalten angesiedelt, die z. T. bis an die Königl. Eisengießerei heranreichten. Hier, an der Ecke Invaliden- und Chausseestraße befanden sich die Anlagen der von Louis Schwartzkopff ins Leben gerufenen »Berliner Maschinen-Aktiengesellschaft vorm. L. Schwartzkopff«.

Ihr Gründer war ebenso wie August Borsig nicht in Berlin geboren sondern stammte aus Magdeburg. Schon als Schuljunge hatte er auf dem Boden des väterlichen Gasthofes »Zum Goldenen Schiff« eine Dampflokomotive gebastelt. In der Gewerbeschule lernte er einen Wilhelm Siemens kennen, mit dem zusammen er bei dessen Bruder, dem Artillerieoffizier Werner Siemens, morgens zwischen 5 und 7 Uhr Nachhilfeunterricht in Mathematik nahm. Ein weiterer Schulfreund aus jener Zeit war ein gewisser Hermann Gruson, dem wir später noch einmal begegnen werden.

Nach bestandener Reifeprüfung und Ableistung des Militärdienstes bei den Magdeburger Pionieren, wo er sich im Brückenbau hervortat, reiste Louis Schwartzkopff im Herbst 1842 nach Berlin, um das von Beuth geleitete Gewerbeinstitut in der Klosterstraße zu besuchen. Hier traf er wieder mit seinen Freunden Hermann Gruson und Wilhelm Siemens zusammen. Nach dem Studium trat Schwartzkopff als Maschinenbaubeflissener in die damals schon berühmte Lokomotivfabrik Borsig ein. Den Abschluß seiner praktischen Lehrzeit bildete eine halbjährige Tätigkeit als Lokomotivführer bei der Berlin-Hamburger Eisenbahn. Sein Vorgesetzter war Hermann Gruson, den Borsig nach erfolgter Ausbildung in seiner Fabrik ebenfalls nach dort empfohlen hatte.

Inzwischen war auch Magdeburg zu einem Eisenbahnknotenpunkt geworden. Die von dort ausgehende Magdeburg-Wittenbergesche Eisenbahn unterstand seit ihrer Gründung dem früheren Regierungsrat und ehemaligen Technischen Leiter der Berlin-Potsdam-Magdeburger Eisenbahn Viktor v. Unruh. Dieser suchte nun für seine jetzige Bahn einen tüchtigen Maschinenmeister zur Erhaltung, Ergänzung und technischen Vervoll-

kommnung des Lokomotivparks. Seine Wahl fiel auf Louis Schwartzkopff, der daraufhin im Jahre 1848 in seine Heimatstadt zurückkehrte.
Im gleichen Jahr machte der Bau einer Eisenbahnbrücke großer Spannweite über die Elbe bei Wittenberge für v. Unruh eine Studienreise nach England erforderlich. Er nahm hierzu seinen Maschinenmeister Schwartzkopff, den Brückenbaumeister Benda sowie den zukünftigen Lieferanten der Brückenbauteile, August Borsig, mit. Drei Jahre später fuhr Schwartzkopff noch einmal, diesmal allein, nach England zum Besuch der Londoner Weltausstellung, denn er hatte bereits feste Vorstellungen für ein eigenes Unternehmen.
Im Jahre 1851 kaufte er mit Unterstützung seiner Verwandten das Grundstück Chausseestraße 20 in Berlin, das nach Süden zu bis zur Invalidenstraße reichte und mit seiner Front nach Osten an die Gleisanlagen des Stettiner Bahnhofs grenzte. Auch hatte er einen der erfahrensten Berliner Gießereimeister aus der Königl. Eisengießerei, Nitsche, als Teilhaber gewonnen. Am 3. Oktober 1852 wurde die Firma »Schwartzkopff & Nitsche« gegründet, deren Namen jedoch bald in »Eisengießerei und Maschinenfabrik L. Schwartzkopff« umgewandelt wurde. Um die Jahreswende erfolgte der erste Abstich am Kupolofen. Aufträge lagen genügend vor, so u. a. große Mengen von Isolatorstützen für das von Siemens & Halske zu errichtende Telegraphennetz in Rußland, Achslager und Puffer für Eisenbahnwagen der Waggonfabrik Pflug und nicht zuletzt jede Menge Kunstguß.
Hier aber schieden sich die Geister. Dem Maschinenbauer Schwartzkopff genügte die Gießerei nicht, er wollte mehr. So trennte er sich von Nitsche und nahm an dessen Stelle seinen Freund Lemelson in die Firma auf, der aufgrund des schlechten Betriebsklimas in der dritten der an der Chausseestraße gelegenen Lokomotivfabriken dort ausgeschieden war. Er hat dem Schwartzkopff'schen Unternehmen zeitlebens die Treue gehalten.
Das Jahr 1860 wurde zum Schicksalsjahr der Fabrik. Aus ungeklärter Ursache brach eines Nachts ein Großfeuer aus und legte die entlang der Stettiner Bahnanlagen sich hinziehenden Werkstattgebäude in Schutt und Asche. Doch in diesem Unglück sollte sich erweisen, daß eine gute Tat auch Früchte tragen kann. Wenige Tage nach diesem Ereignis erschien der Leiter der Berlin-Stettiner Eisenbahn, Geheimrat Stein, bei Louis Schwartzkopff und brachte als Dank für die große Hilfe, die ihm der Fabrikherr einst beim Bau der Eisenbahnbrücke über die Oder geleistet hatte, einen Auftrag im Werte von mehreren hunderttausend Thaler über Eisenmaterial zum Bau der Vorpommerschen Eisenbahn und leistete zugleich hierauf eine beträchtliche Anzahlung.
In jener Zeit erregte eine Entwicklung die Aufmerksamkeit der Fachwelt, wie sie sich ein Jahrhundert später mit umgekehrten Vorzeichen wiederholen sollte. Damals verband man mit dem Begriff »Dampfwagen« oder »Lokomotive« ein Fahrzeug, das sich durch eigene Kraft auf einem Schienenweg bewegte. Im Jahre 1862 erschien jedoch auf der Londoner Industrieausstellung eine dampfbetriebene Straßenlokomotive. Der Funke sprang auch nach Deutschland über und die Bergwerksgesellschaft »Weichselland« bestellte eine solche Maschine für den Pendelverkehr zwischen Bromberg, dem Sitz der ältesten preußischen Eisenbahndirektion, und dem in der Nähe gelegenen Ort Crone, die sechs Anhängewagen mit 60 Ctr Braunkohle zu ziehen imstande war. Das Für und Wider wurde heftig diskutiert, weil man ständige Schädigungen an Wegen und Straßen befürchtete. Dennoch war das preußische Handelsministerium durchaus geneigt, weitere

Abb. 30 Straßenlokomotive mit Anhänger für Bier-Transport. Gebaut 1863. (Archiv Pierson)

Versuche durch großzügige Erteilung von Genehmigungen zur Wegebenutzung zu erteilen.
Auch Louis Schwartzkopff wandte sich dieser Neuheit zu, sah er doch in ihr einen ersten Schritt auf dem Wege zu seiner Lieblingsidee, Lokomotiven zu bauen (Abb. 30). Als 1863 in Hamburg eine »Landwirtschaftliche Ausstellung« stattfand, konnte er sich gegenüber einer zweiten deutschen und sechs ausländischen Straßenlokomotiven so gut behaupten, daß er eine »Große Silberne Medaille« errang. Die nächsten Jahre widmete er sich neben vielen anderen Aufgaben in verstärktem Maße dem Bau derartiger Maschinen, bis eines Tages ein Zufall ihn vor die Entscheidung stellte, nunmehr auch Lokomotiven für den Schienenverkehr zu bauen, durch die Schwartzkopff als zweitgrößter Berliner Lokomotivfabrikant weltbekannt werden sollte.
Mitte des vorigen Jahrhunderts machte nämlich ein Mann in Deutschland von sich reden, der als der »Eisenbahnkönig« in Börsenkreisen sehr zurückhaltend beurteilt wurde: Dr. Bethel Strousberg. Dieser Mann war Eisenbahnunternehmer in weitestem Sinne des Wortes. Er baute Eisenbah-

nen und suchte den hierfür sehr großen Materialbedarf durch Eigenproduktion zu decken. Denn er mußte die Erfahrung machen, daß ihm von so manchem Lieferanten erhebliches Mißtrauen entgegengebracht wurde und er bei Abschluß von Verträgen mit ihnen beträchtliche An- bzw. Teilzahlungen vor und während der Fabrikation zu leisten hatte. Besonders harte Bedingungen stellte die Lokomotivfabrik A. Borsig anläßlich eines Auftrages über dreißig Lokomotiven für die Berlin-Görlitzer Eisenbahn, die im Jahre 1866 eröffnet werden sollte.

Strousberg dachte nunmehr daran, sich Jemanden zu suchen, der imstande war, Lokomotiven zu bauen. Er verfiel auf Louis Schwartzkopff, wobei ihm zustatten kam, daß in jener Zeit Graf v. Itzenplitz preußischer Handelsminister war, der aus persönlichen Gründen eine Abneigung gegen die Familie Borsig hatte. Dieser ermunterte Schwartzkopff, Lokomotiven zu bauen, und obwohl Strousberg dann seine Absicht änderte und die »Hannoversche Maschinen- und Lokomotivfabrik Georg Egestorff« in Hannover-Linden erwarb, war bei Schwartzkopff die Entscheidung bereits gefallen.

Dabei schlug er einen anderen Weg als Borsig ein. Die große Zeit ungekuppelter »Schnelläufer« hatte ihren Höhepunkt erreicht; es galt daher, mit gekuppelten Lokomotiven zu beginnen. Das erste Baulos aus dem Jahre 1867 umfaßte 12 Stück 1B-n2-Güterzuglokomotiven für die Niederschlesisch-Märkische Eisenbahn (Abb. 31). Ein Auszug aus den ersten beiden Seiten des Bestellbuches der Abteilung Lokomotivbau läßt den schnellen Start mit 32 Lokomotiven innerhalb von 12 Monaten erkennen, obwohl die Werksanlagen bisher nur für die Herstellung von Dampfhämmern, Berg- und Walzwerksmaschinen und besonders für Kreiselpumpen eingerichtet waren. Dazu kam, wie wir sahen, nach dem großen Brand noch die Abteilung Eisenbahnbedarf hinzu.

Dem ständig wachsenden Auftragseingang an Lokomotiven stand die räumliche Begrenzung des Fabrikgrundstückes entgegen. Eine wesent-

Abb. 31 1B-n2-Güterzuglokomotive für die Niederschles.-Märkische Eisenbahn. Gebaut 1867. Fabrik-Nr. Schwartzkopff 12. (Archiv Pierson)

Auszug aus dem Bestellbuch der Lokomotivfabrik L. Schwartzkopff (Seite 1 u. 2) Berlin 1867–1868

Vertrag Komm. Nr.	Stck	Art d. Lokomotive	Besteller und Empfänger	Fabr. Nr.	Name Betr. Nr.	Ablieferung am	Zyl. Ø (engl)	Hub (engl)	Treibrad Ø (engl)
371	12	G-L	Niederschles.	1	207	7.2.67	16½"	24"	4'3¼"
"		1Bn2	Märkische EB	2	208	21.2.67			
"		"	"	3	209	7.3.67			
"		"	"	4	210	16.3.67			
"		"	"	5	211	26.3.67			
"		"	"	6	212	3.4.67			
"		"	"	7	213	13.4.67			
"		"	"	8	214	18.4.67			
"		"	"	9	215	1.5.67			
"		"	"	10	216	22.5.67			
"		"	"	11	217	1.6.67			
"		"	"	12	218	13.6.67			
602	6	G-L	Niederschles.	13	234	24.8.67	17"	24"	4'2"
"		Cn2	Märkische EB	14	233	7.9.67			
"		"	"	15	237	18.9.67			
"		"	"	16	236	28.9.67			
"		"	"	17	238	9.10.67			
"		"	"	18	239	27.10.67			
					L T				
780	6	G-L	Hannoversche	19	237 191	26.10.67	17"	24"	4'6"
"		Cn2	Staatsbahn	20	238 192	6.12.67			
"		"		21	239 193	17.12.67			
"		"		22	240 194	24.12.67			
"		"		23	241 195	11.1.68			
"		"		24	242 196	27.1.68			
807	8	P-L	Niederschles.	25	242	30.12.67	16"	20"	5'
"		1Bn2	Märkische EB	26	343	3.1.68			
"		"	Berlin-	27	23	18.1.68			
"		"	Görlitzer Bahn	28	24	30.1.68			

Vertrag Komm. Nr	Stck	Art der Lokomotive	Besteller und Empfänger	Fabr. Nr.	Name Betr. Nr.	Ablieferung am	Zyl. Ø (engl)	Hub (engl)	Treibrad Ø (engl)
807	8	P-L	Niederschles.	29	244	8.2.68	16"	20"	5'
"		1Bn2	Märkische EB.	30	245	15.2.68			
"		"		31	246	23.2.68			
"		"		32	247	29.2.68			
826	8	G-L	Kgl. Ostbahn	·	Potsdam				
"		B1n2		33	198	20.3.68	16¼"	23"	4'3"
"		"			Brandenburg				
"		"		34	199	25.3.68			
"		"			Genthin				
"		"		35	200	1.4.68			
"		"			Burg				
"		"		36	251	7.4.68			
"		"			Magdebg				
"		"		37	252	14.4.68			
"		"			Halberst.				
"		"		38	253	21.4.68			
"		"			Oschersleb				
"		"		39	254	2.5.68			
"		"			Braunschw.				
"		"		40	255	2.5.68			
30	7	G-L	Hannoversche	41	243	29.5.68	17"	24"	4'6"
"		Cn2	Staatsbahn	42	244	30.5.68			
"		"		43	245	8.6.68			
"		"		44	246	13.6.68			
"		"		45	247	19.6.68			
"		"		46	248	25.6.68			
"		"		47	249	3.7.68			
	2	P-L	Niederschles.	48	248	7.68			
		1Bn2	Märkische EB	49	249	7.68			

liche Vergrößerung der gesamten Produktionsfläche war unumgänglich. Die im Jahre 1870 gebildete »Berliner Maschinenbau-Aktiengesellschaft vorm. L. Schwartzkopff« erwarb das Grundstück Ackerstraße 96 (später Scheringstraße 28) und errichtete dort ein neues Werk (vgl. Abb. 11), während das Stammwerk in der Chausseestraße durch Zukauf der Grundstücke 19 und 23 und schrittweisen Umbau der vorhandenen Werkstätten nunmehr alle Möglichkeiten zu einer groß angelegten Lokomotivfertigung bot (Abb. 32). Schon zwei Jahre später, am 7. August 1869, konnte die Fabrik die hundertste Lokomotive zur Ablieferung bringen, eine 1B-n2-Personenzugmaschine mit dreiachsigem Tender, die den Namen »Graf von Itzenplitz« trug. Aus diesem Anlaß gab die Firma ihren ersten Bildband über von ihr hergestellte Lokomotiven mit Originalfotos des bekannten

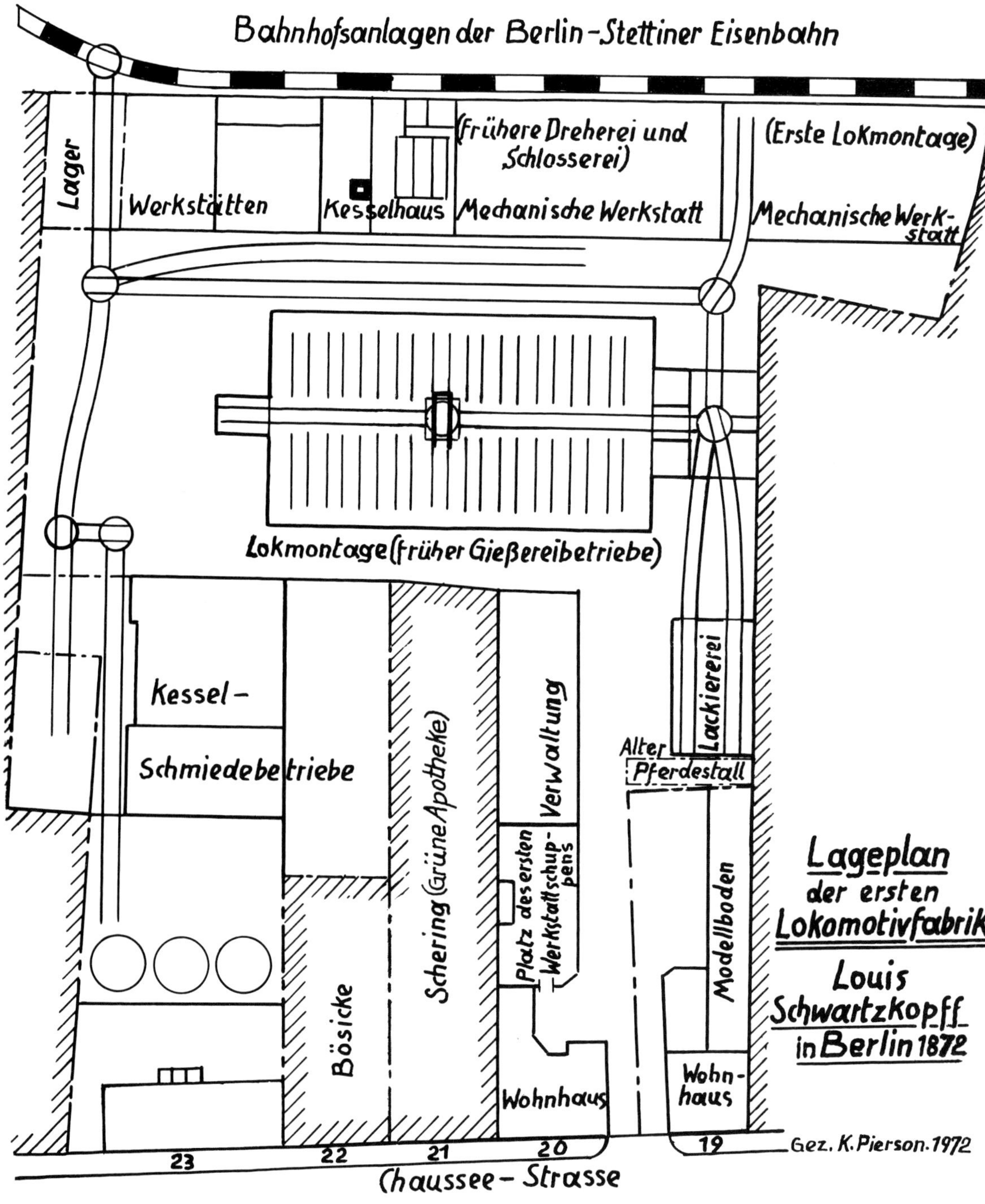

Abb. 32 Lageplan der ersten Lokomotivfabrik von Louis Schwartzkopff in Berlin 1872.

Berliner Photographen Schwartz heraus. Eines dieser Alben mit einer persönlichen Widmung von Louis Schwartzkopff befindet sich in der Technischen Universität zu Berlin. Es umfaßt folgende Lokomotivaufnahmen mit und ohne Tender:

Fabr. Nr.	Baujahr	Besteller	Bauart	Betr.-Nr. / Name	Tender
1	1867	Niederschlesische Märkische Eisenbahn	1B	218 »Weißhaupt«	3achsig
18	1867	dto.	-C-Hall	239 »A. Woehler«	dto.
39	1868	Kgl. Ostbahn	B1	254 »Ochsersleben«	dto.
47	1868	Hann. Staatsbahn	-C-	249	
49	1868	Niederschlesische Märkische Eisenbahn	1B Hall	249	
72	1868	Kgl. Ostbahn	-C-	264 »Tilsit«	2achsig
81	1869	Hann. Staatsbahn	1B	300	dto.
92	1869	Kgl. Sächs. Stb.	-B-	188 »Haus Wettin«	dto.
96	1869	Schienenlokomobile	2achsig, Kettenantrieb		
100	1869	Berlin-Stettiner Eisenbahn	1B	»Graf v. Itzenplitz«	3achsig
102	1869	Kursk-Charkower Eisenbahn	1B		

Die Maschinen Fabr. Nr. 96 (und 97) besitzen zwei auf dem Kessel montierte Zylinder nebst Steuerung, Kurbelwelle und Schwungrad. Auf der Kurbelwelle sitzt ein Ritzel, das in das große Zahnrad der Kettenwelle eingreift (vgl. auch Abb. 30). Die Schienenlokomobile hat Mittelpuffer.

Und weiter sei darauf hingewiesen, daß sich das Lieferbuch für Lokomotiven, dem die ersten beiden Seiten entstammen, zusammen mit einer Konstruktionszeichnung der Farbriknummer 47 (Abb. 33) sowie anderen Zeugen jener Zeit in einer Kassette befanden, die bei der Grundstein legung des neuen Werkes in der Ackerstraße eingemauert, im Jahre 1952 wieder ans Tageslicht kam, als die durch den Krieg zerstörten Gebäude abgetragen wurden, um neuen Werkhallen Platz zu machen. Bei dieser Gelegenheit wurde die Kassette mit erweitertem Inhalt dem neuen Grundstein wieder anvertraut.

Wie die Lokomotiven von Borsig im vorigen Jahrhundert ein bestimmtes Image aufwiesen, das sie als solche leicht identifizierbar machten, so war dies auch bei den Lokomotiven von Schwartzkopff der Fall. Die dreiachsigen, zweifach gekuppelten Schnell- und Personenzugmaschinen beispielsweise besaßen zwei typische Merkmale: Der durchbrochene Radkasten und die Form des Führerhauses. Diese Bauart fand sich vorwiegend bei den Lokomotiven der sog. »Dresdner Form«, die gleichzeitig mit dem Bau der im Jahre 1875 eröffneten Berlin-Dresdener Eisenbahn sowie der auf dem gleichen Gleiskörper verlaufenden Kgl. Preußischen Militärbahn entstand und bei dieser Gelegenheit von beiden Verwaltungen bei

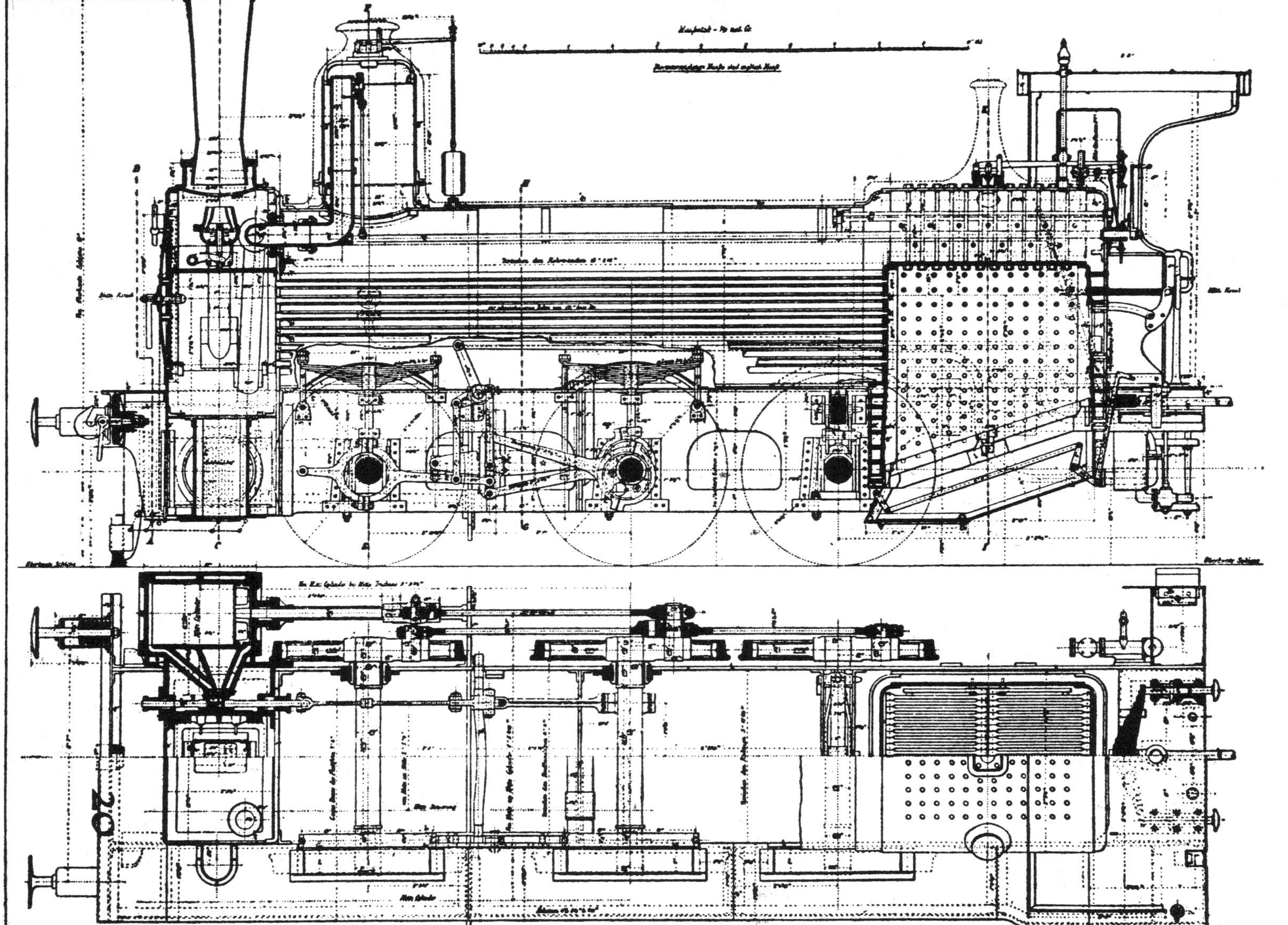

Abb. 33 Alte Konstruktionszeichnung einer C-n2-Güterzuglokomotive für die Hannoversche Staatsbahn, Betr.-Nr. 249, gebaut 1868. Fabrik-Nr. 47.

Schwartzkopff in Auftrag gegeben wurden. Sie hat aber auch anläßlich umfangreicher Lokomotivbestellungen seitens der Kgl. Sächsischen Staatsbahnen in den Jahren 1871 bis 1874 dort Eingang gefunden (Abb. 34).

kopff im Jahre 1878 gebaute B-n2-Tenderlokomotive für die Magdeburg-Halberstädter Eisenbahn, der ein Vorbild der Münchener Lokomotivfabrik von Krauss & Co zugrunde lag und die bei einem Kesseldruck von 10 atü und einem Treibraddurch-

Abb. 34 1B-n2-Schnellzuglokomotive der Kgl. Sächsischen Staatsbahn. Gebaut 1874. Fabrik-Nr. Schwartzkopff 576. (Archiv Pierson)

messer von nur 970 mm Rangierzwecken diente. Dennoch trug sie stolz den ursprünglichen Namen des Harzes »Melibocus«, kam später zur KED Magdeburg und gelangte schließlich über die KED Altona nach Berlin, wo sie in die Gattung T 2 eingestuft unter Betriebsnummer 6044 eingereiht wurde. Als Berlin im Jahre 1912 den Rest alter Lokomotiven ausmusterte, gelang es dem Verfasser, diese Maschine noch im Bilde festzuhalten (Abb. 35).

In dieser Zeit begann wie bei Borsig so auch bei Schwartzkopff das große Exportgeschäft nach Rußland. Die erste dieser Maschinen ist bereits in der Bildaufstellung erwähnt. Bis 1882 lieferte die Fabrik nach dort 534 Lokomotiven. Dennoch bestanden trotz des seit Mitte der siebziger Jahre stark rückläufigen Inlandsgeschäftes in gewissen Sparten des Lokomotivbaues noch Absatzmöglichkeiten, vor allem auf dem Gebiet kleinerer Einheiten. Hierzu gehörte u. a. die von Schwartz-

Abb. 35 B-n2-Tenderlokomotive der KED Berlin, Nr. 6044, Gattung T 2. Gebaut 1878. Fabrik-Nr. Schwartzkopff 916. (Foto Pierson)

Aus der gleichen Bauperiode stammte eine B1-n2-Tenderlokomotive für die Berlin-Hamburger Eisenbahn mit Namen »Nord« Fabrik-Nummer 476, mit der Schwartzkopff die Wiener Weltausstellung im Jahre 1873 beschickte. Zum ersten Mal trat hier seine Lokomotivfabrikation vor die Weltöffentlichkeit. Mit einer B-1Tenderlokomotive bewarb er sich auch anläßlich der Versuche, eine leistungsfähige Maschine für die Berliner Stadtbahn zu finden. Sie ging unter Betriebsnummer 630 an die Niederschlesisch-Märkische Eisenbahn, aus der heraus sich später die KED Berlin entwickelte, blieb jedoch, wenn auch eine interessante so doch nicht nachbestellte Einzelfertigung, weil sich der Treibraddurchmesser als zu groß und das Gesamtgewicht zu hoch erwies.

Mehr Glück hatte Schwartzkopff mit einer anderen Stadtbahnlokomotive, die die Fabrik nach den Plänen des Königl. Baurats Wittfeld vom Preußischen Ministerium für öffentliche Arbeiten in zwölf Exemplaren baute. Es war dies eine fünfachsige Dreizylinder-Tenderlokomotive mit vorderer Adamsachse und hinterer Schleppachse, die mit der letzten Kuppelachse in einem Krauss-

Helmholtz-Drehgestell vereint war. Das Drillingstriebwerk wirkte auf zwei Treibachsen; der innere Zylinder, vor der Laufachse waagerecht angeordnet, arbeitete auf die erste, die beiden Außenzylinder wirkten auf die mittlere Triebachse.

Diese Konstruktion befriedigte jedoch nicht, da Kessel und Zylinder in einem Mißverhältnis zueinander standen. So wurde das Innentriebwerk bei allen Maschinen wieder ausgebaut, die bis etwa 1914 auf der Berliner Stadtbahn, vorwiegend aber an Feiertagen, zum Einsatz kamen. (Abb. 36). Sie wurden später an die Direktionen Danzig und Halle abgegeben und waren dort noch während des Ersten Weltkrieges anzutreffen.

Dreißig Jahre waren in der Stammfabrik in der Chausseestraße Lokomotiven gebaut worden, und der Gründer des Werkes, der nach Bildung der Aktiengesellschaft ihr Generaldirektor war, nahm sich dieses Produktionszweiges stets mit besonderem Interesse an. Mit seinem Tode im Jahre 1892 nahte auch das Ende dieser Aera. Angesichts steigender Löhne und Bodenpreise hielt der Aufsichtsrat die Zeit für gekommen, die Fa-

Abb. 36 1'C1' n2 Tenderlokomotive der KED Berlin, Nr. 6706, Gattung T 6. Gebaut 1902. Fabrik-Nr. Schwartzkopff 3053. (Archiv Pierson)

brikation aus Berlin herauszunehmen und dort weiterzuführen, wo Grund und Boden billiger waren. Man entschied sich für ein Industrieareal an der Berlin-Görlitzer Eisenbahn bei Wildau, unweit von Königswusterhausen. Und in dem Maße, wie dort ein modernes, großes Werk entstand, wurden die Werkstätten in der Chausseestraße abgerissen, bis im Jahre 1905 dieser Wandel abgeschlossen war.

Gleichzeitig bedeutete dieses Jahr für den Schwartzkopffschen Lokomotivbau den Beginn eines neuen bedeutungsvollen Abschnitts. Die erste Druckluftlokomotive in Europa wurde für den Kölner Bergwerksverein gebaut. Ein Modell dieser Maschine befindet sich im Deutschen Museum in München.

Einen zweiten Schritt bedeutete die Entwicklung jener Lokomotive, die zur europäischen Berühmtheit wurde und erst vor kurzem ihre letzte Fahrt angetreten hat: Die sagenhafte preußische 2C-h2-Personenzuglokomotive, Gattung P 8! Über sie und ihren geistigen Vater, den Kgl. Baurat im preußischen Eisenbahnzentralamt, Robert Garbe, ist bereits so viel geschrieben worden, daß es müßig wäre, Bekanntes hier zu wiederholen. Aber eines Kuriosums soll in diesem Zusammenhang dennoch gedacht werden — des Baues der ersten Vierzylinder-Schnellzuglokomotive für die KPEV nach dem Vorbild der P 8, die in zwei Exemplaren von Schwartzkopff im Jahre 1910 unter Betriebsnummer 801 und 802 und dem Gattungszeichen S 8 an die KED Erfurt gingen (Abb. 37).

Auf Robert Garbe ging auch die dritte Entwicklung in Wildau zurück: Der Bau der ersten preußischen E-h2-Güterzugtenderlokomotive für die KED Erfurt. Sie wurde anschließend als Gattung T 16 in großen Stückzahlen für die KPEV gebaut und im Jahre 1913 verstärkt, wodurch sie die Leistung der ursprünglichen Bauart erheblich übertraf. Eine der letzten Ausführungen für die preußische Eisenbahndirektion Essen aus dem Jahre 1919 zeigt Abb. 38.

Die jährliche Produktionskapazität des Werkes war inzwischen auf 600 bis 700 schwere Einheiten gestiegen. In den zwanziger Jahren hatte sich der Schwartzkopffsche Lokomotivbau besonders auf den Export verlegt. Eine Domäne auf diesem Gebiet war für die Fabrik Südamerika. Es würde zu

Abb. 37 2'C-h4-Schnellzuglokomotive der KED Erfurt Nr. 801, Gattung S 8. Gebaut 1910. Fabr.-Nr. Schwartzkopff 4455. (Archiv Pierson)

Abb. 38 E-h2-Güterzug-Tenderlokomotive der ED Essen, Gattung T 16, Nr. 8200. Gebaut 1919. Fabr.-Nr. Schwartzkopff 6917. (Foto Pierson)

weit führen, dieses Gebiet auch nur teilweise zu behandeln; ein Beispiel jedoch soll für eine große Anzahl verschiedenster Lokomotivlieferungen stehen und zwar deshalb, weil sich mit ihm ein spektakuläres Ende einmaliger Art von Schwartzkopfflokomotiven verbindet.

Im Jahre 1926 bestellte die Ferrocarril de Caldas in Columbien für ihre Strecken mit 914 mm Spurweite 2D-h2-Lokomotiven ihrer Type 240 mit Außenbarrenrahmen (Abb. 39), die ein Jahr später nach Übersee verschifft wurden. Und es wäre an dieser Tatsache nichts Absonderliches, denn auch diese Maschinen wären eines Tages sang- und klanglos dem Schneidbrenner zum Opfer gefallen, wenn es nicht einem amerikanischen Filmregisseur eingefallen wäre, nach dem Roman: »Die Playboys« von Harald Robins im Frühjahr 1969 einen Film zu drehen. In diesem Film spielt ein Überfall auf einen Eisenbahnzug eine wichtige Rolle.

Für Regisseur Lewis Gilbert war Echtheit oberstes Gebot. Er fand in Columbien eine seit Jahren stillgelegte Strecke von Manizales nach Chinchina und einen Eisenbahnzug mit einer altersgrauen Dampflokomotive, die er kurzerhand kaufte. Es war dies die letzte Schwartzkopfflokomotive aus der einst für die Ferrocarril de Caldas gelieferten Serie, bei der man freilich die vordere Laufachse irgendwann als Ersatzteil benötigt hatte. Aber sie bewegte sich doch!

Auf dem völlig überwucherten Bahnhof Bucaros endete der letzte Akt des Dramas um die alte Lokomotive aus dem fernen Wildau. Sie fiel laut Drehbuch einer spektakulären Zerstörung an-

Abb. 39 **2D-h2-Gemischtzug-Lokomotive, Typ 240, 914-mm-Spur, für Columbien. Gebaut 1927. (Archiv Pierson)**

heim und brannte, wie vorgesehen, total aus. Nach dieser erregenden Szene wurde sie abgelöscht und verschrottet (Abb. 40).

Nicht weniger aufregend aber war auch das, was sich Mitte der zwanziger Jahre auf der Berliner Lokomotivszene abspielte. Wir haben bereits gesehen, wie man in Tegel daran ging, der Dampflokomotive ein von wirtschaftlichen Gesichtspunkten diktiertes völlig neues Image zu verleihen; in Wildau ging man einen Schritt weiter und wollte gegenüber herkömmlicher Lokomotivausführungen zu einer wesentlich höheren Kohleersparnis, als hier angestrebt, kommen. Die 2. Weltkraftkonferenz, die für das Jahr 1930 nach Berlin einberufen worden war, veranlaßte die Konstrukteure bei Schwartzkopff sich mit Professor Dr. Löffler

Abb. 40 **Schwartzkopff-Lokomotive als Filmstar. (Foto Koscian)**

zusammenzusetzen, um aufgrund seiner Patente einen ungewöhnlich hohen Wirtschaftlichkeitsgrad der Dampflokomotive durch sprunghafte Erhöhung des Kesseldrucks zu erzielen. So begann im Jahre 1925 die Entwicklung einer Schnellzuglokomotive für 120 at Kesseldruck und 2000 PS Leistung (Abb. 41) Vier Jahre später wurde der Verfasser im Versuchsamt Berlin-Grunewald der Deutschen Reichsbahn-Gesellschaft Zeuge der ersten Versuchsfahrten. Dabei erlebte er, wie kurz vor einer Probefahrt, als die Maschine schon unter vollem Druck stand, ein ungünstig angeordnetes Überhitzerrohr in der Feuerbuchse aufriß. Mit einem kurzen Zischen fegte der Dampfstrahl die Feuerbuchse leer und der Heizer stolperte kohlrabenschwarz die Führerhaustreppe hinunter. Sonst war nichts passiert.

Im Laufe der Versuche zeigte es sich, daß manche Einrichtungen zur Erlangung neuer Erkenntnisse überflüssig waren und die Maschine nur unnötig komplizierten. Hierzu gehörte der geschlossene Niederdruck-Kreislauf des Speisewassers, der Luftvorwärmer und weitere Vorsichtsmaßnahmen. Wirkungsgrad und Kohleverbrauch befriedigten nicht. Anstelle einer errechneten Ersparnis von rd. 40 % gegenüber der normalen Niederdruckmaschine wiesen die Versuchsprotokolle nur 17 bis 25 % aus. Die beabsichtigten Vereinfachungen und Verbesserungen ließen eine mehr als 30 %ige Kohleersparnis gegenüber der neuen

Abb. 41 2'C1'-h3-Höchstdruck-Versuchs-Schnellzuglokomotive System Schwartzkopff-Löffler der Deutschen Reichsbahn, Nr. H 02 — 1001. Gebaut 1929. Fabr.-Nr. Schwartzkopff 8831. (Archiv Pierson)

Lokomotivkonstruktion der Baureihe 01 erwarten. Dennoch wurden weitere Versuche mit der Höchstdrucklokomotive nicht durchgeführt, da die Deutsche Reichsbahn die erforderlichen Mittel nicht mehr bewilligte. So wurde diese Maschine zunächst auf Wartezeit gestellt, und da stand sie auch noch bis Kriegsende.

Die dreißiger Jahre waren auch bei Schwartzkopff durch eine Reihe von Neuentwicklungen gekennzeichnet. So brachte der Sommerfahrplan des Jahres 1934 neben einer allgemeinen Fahrzeitverkürzung der Schnell- und Personenzüge für die Güterzüge ebenfalls eine merkbare Forcierung der Fahrzeiten. Besonders die Eilgüterzüge erforderten geeignete Lokomotiven. Die Berliner Maschinenbau-AG wurde daher mit Entwurf und Ausführung der mittelschweren 1'D1'-h2-Güterzuglokomotive Reihe 41 der Deutschen Reichsbahn-Gesellschaft beauftragt. Die ersten beiden Einheiten kamen vor Viehzügen auf der Strecke Schneidemühl-Berlin zum Einsatz.

Eine weitere umfangreiche Aufgabe brachte die Notwendigkeit mit sich, Teile der schmalspurigen Strecken des sächsischen Erzgebirges, insbesondere die Strecke Heidenau-Altenberg, wegen des starken Ausflugsverkehrs leistungsfähiger zu gestalten. Um den Ausbau für Regelspur mit möglichst geringem Aufwand durchzuführen, ergaben

Abb. 42 1'E-h2-Güterzuglokomotive, Bauart PKP, der Lübeck-Büchener Eisenbahn. Betr.-Nr. 100. Geliefert 1935. Fabr.-Nr. Schwartzkopff 8443. (Archiv Pierson)

sich Verhältnisse, bei denen Krümmungshalbmesser bis herab zu 100 m und Steigungen von 1 : 27 in Betracht gezogen werden mußten. Aufgrund reicher Erfahrungen unter ähnlichen Umständen in Übersee mit einer patentierten Sonderkonstruktion, dem sog. Schwartzkopff-Eckhardtschen Lenkgestell, das für vorliegenden Zweck geeignet erschien, erteilte die Deutsche Reichsbahn der Berliner Maschinenbau-AG den Auftrag zum Entwurf und, nach der Erprobung im Jahre 1934, zum Bau weiterer acht 1'E1'-h3-Tenderlokomotiven der Reihe 84.

Wir wollen den Dampflokomotivbau von Schwartzkopff mit zwei bemerkenswerten Lieferungen beschließen. Im Jahre 1923 waren 15 Stück 1'E-h2-Güterzuglokomotiven, Ty 23, an die Polnische Staatsbahn gegangen; es wurden jedoch einige Einheiten mehr gebaut, von denen zwei im Jahre 1935 von der Lübeck-Büchener Eisenbahn als Betr.-Nr. 99 und 100 zur Bewältigung des dortigen Schwerlast-Durchgangsverkehrs erworben wurden (Abb. 42).

Für die 103 km lange mecklenburgische Friedrich-Wilhelm-Eisenbahn von Neustrelitz nach Nordosten zu bis Strasburg mit Anschluß an die Friedrich-Franz-Eisenbahn, und nach Südwesten zu bis Buschhof mit Anschluß an die Priegnitzer Nebenbahn, wurden wegen des wachsenden Ausflugsverkehrs von Berlin zur Müritz leistungsfähige Lokomotiven benötigt. Schwartzkopff lieferte hierfür im Jahre 1936 zwei Stück 1'C1'-h2-Personenzug-Tenderlokomotiven nach Abb. 43.

Der Name Schwartzkopff war in der Geschichte des Eisenbahnwesens aber nicht nur mit dem Dampflokomotivbau verbunden. Bereits am 4. Mai 1907 hatte die »Berliner Maschinenbau-AG« mit dem am 13. Mai 1921 verstorbenen alleinigen Inhaber der Firma J. A. Maffei in München, dem

Abb. 43 1'C1'-h3-Personenzug-Tenderlokomotive der Mecklenburgischen Friedrich-Wilhelm-Eisenbahn. Gebaut 1936. Schwartzkopff 10 496. (Archiv Pierson)

Abb. 44 1'C1'-Elektrolokomotive für Schnellzüge der KPEV, Gattung ES, Betr.-Nr. 9, Halle. Gebaut 1913 von Maffei-Schwartzkopff, Berlin. (Archiv Pierson)

Reichsrat Hugo, Ritter v. Maffei, den Gründungsvertrag zur Bildung der Firma »Maffei-Schwartzkopff-Werke GmbH in Berlin« geschlossen, für die auf dem Grund und Boden der Lokomotiv- und Maschinenfabrik in Wildau neue Werkstätten errichtet wurden. Anfang 1910 nahm die AG im Verein mit der »Maffei-Schwartzkopff GmbH« den Bau elektrischer Lokomotiven für Voll-, Neben- und Industriebahnen auf. Von Anbeginn an zählte die ehemalige Kgl. Preußische Staatsbahn-Verwaltung zu den Abnehmern derartiger Maschinen, von denen ein paar nachstehend in Wort und Bild vorgestellt werden.

So zeigt Abb. 44 eine 1'C1'-Schnellzuglokomotive mit Kurbelantrieb ohne Vorgelege, Gattung ES, Betr.-Nr. 9 Halle, die der Verfasser im Jahre 1913 bei ihrer Überführung nach Halle/S im Ausbesserungswerk Berlin-Tempelhof antraf. Sie besaß einen hochliegenden, großen Einphasen-Wechselstrom-Reihenschlußmotor für eine Fahrdrahtspannung von 15 000 Volt bei 16²/₃ Hertz, dessen Triebkraft durch eine Treibstange über eine

Abb. 45 B+B-Elektrolokomotive für Personenzüge, Gattung EP der Eisenbahndirektion Breslau, Betr.-Nr. 214. Geliefert von Maffei-Schwartzkopff 1920. (Archiv Pierson)

Blindwelle auf die Treibräder übertragen wurde. Als Steuerung wurde die Feinregler-Steuerung der Maffei-Schwartzkopff-Werke verwandt, die ja die gesamte elektrische Ausrüstung der in Wildau gebauten Lokomotiven erstellte, während der Fahrzeugteil jeweils in der Lokomotivfabrik der »Berliner Maschinenbau-AG vorm. L. Schwartzkopff« entworfen und hergerichtet wurde.
Weiterhin bringen wir in Abb. 45 eine B+B-Personenzuglokomotive EP 214 der preußischen Eisenbahndirektion Breslau für Wechselstrom mit zwei Übersetzungsvorgelegen und Kuppelstangen. Diese Lokomotive hatte eine interessante Vorgeschichte. Als im Jahre 1912 umfangreiche Vorversuche zur Elektrifizierung der Berliner Stadt-, Ring- und Vorortbahnen durchgeführt wurden, erfolgten solche auch mit sog. Triebgestellen, die vor vorhandene Zuggarnituren aus der Dampfzeit vorgeschaltet werden sollten. Als jedoch die endgültige Entscheidung Gleichstrom für das Berliner Bahnnetz vorsah, inzwischen jedoch eine Anzahl Triebgestelle gefertigt worden waren, verwandte man sie zum Bau von Lokomotiven. Aus jener Zeit stammen die Fahrgestelle auch der hier gezeigten Maschine, die jedoch erst zu Beginn der zwanziger Jahre ausgeliefert wurde.
Und noch mit einer dritten Traktionsart im Eisenbahnverkehr beschäftigte man sich bei Schwartzkopff, mit der Anwendung der Diesellokomotive. Erstmals im Jahre 1924 wurden in Wildau Versuche mit einer 1B-Diesellokomotive mit Schwartzkopff-Huwiler-Flüssigkeitsgetriebe angestellt. Der Motor war für 200–230 PS bei 450 U/min ausgelegt, das Getriebe stufenlos regelbar. Es zerfiel in einen Primärteil (Kapselpumpe) und einen Sekundärteil (Flüssigkeitsmotor). Beide Aggregate waren voneinander getrennt. Dauerversuche, die von der Technischen Hochschule Dresden auf der Strecke Königswusterhausen-Scharmützelsee-Beeskow durchgeführt wurden, ergaben einen durchschnittlichen Gesamtwirkungsgrad zwischen Ausgang Hauptmotor bis Umfang Triebrad von rd. 70 %.
Der zweite Weltkrieg machte neben den in großen Stückzahlen von der Lokomotivindustrie zu liefernden sog. »Kriegslokomotiven« auch den Bau von zwei- und dreiachsigen Diesellokomotiven für

Abb. 46 200-PS-Heeres-Diesellokomotive, Bauart V 20, der Neukölln-Mittenwalder Eisenbahn. Gebaut 1941. Fabrik-Nr. Schwartzkopff 11 399. (Foto: Dietr. Schmidt)

die Heeresverwaltung erforderlich. Aus dem umfangreichen Dieselprogramm der »Berliner Maschinenbau-AG« sei hierfür stellvertretend eine zweiachsige, 200 PS-Lokomotive des Typs V 20 aus dem Jahre 1941 vorgestellt, die nach Kriegsende zur Osthannoverschen Eisenbahn kam und dort die Betr.-Nr. DL 00601 erhielt. Im Austausch gegen einen Triebwagen gelangte sie Mitte der fünfziger Jahre zur Neukölln-Mittenwalder Eisenbahn in West-Berlin, wo sie die Bezeichnung ML 00601 erhielt und noch heute als Rangierlokomotive und vor Bauzügen eingesetzt wird (Abb. 46).

Als nach 1945 eine Aufteilung des ehemaligen deutschen Reiches erfolgte, wurde der Schwartzkopffsche Lokomotivbau in den VEB Lokomotivbau »Karl Marx«, Babelsberg, die einstige Lokomotivfabrik von Orenstein & Koppel in Drewitz bei Potsdam, verlegt. Im Verwaltungsgebäude in Wildau hatte nunmehr eine neue Institution ihren Sitz: Das »Institut für Schienenfahrzeuge« der DDR, das im Jahre 1952 nach Berlin-Adlershof kam, während die Werkstätten nach ihrer Wiederherstellung dem neu eingerichteten Schwermaschinenbau dienten. Der Schwartzkopffsche Lokomotivbau aber gehört seitdem gleichfalls der Vergangenheit an.

Chausseestraße 36/37

Unser Streifzug durch Berlins Lokomotivfabriken begann an der Königlichen Eisengießerei, deren Ofengebläse und Bearbeitungsmaschinen durch ein damals munter dahinfließendes Gewässer angetrieben wurden: Die Panke. Aus der märkischen Landschaft kommend erreichte sie Mitte des vorigen Jahrhunderts bei Pankow die nähere Umgebung der Stadt, schlängelte sich zwischen ausgedehnten Friedhöfen und den Bahndämmen der Stettiner Eisenbahn hindurch hinter der Kaserne der Gardefüsiliere vorbei, bis das Stauwerk der Eisengießerei ihren Lauf hemmte. Gegenüber der Kaserne nun lag die Fabrik des dritten namhaften Lokomotivbauers in der Chausseestraße: Friedrich Wöhlert.
Auch dieser war einst, wie August Borsig, als Handwerksbursche zugewandert. Er stammte aus Kiel, wo er, 1797 geboren, das Tischlerhandwerk erlernt hatte. 1818 ging er auf die Walze und landete schließlich bei Egells in Berlin. Hier traf er mit August Borsig zusammen, und als dieser sich 1836 selbständig machte, nahm er Wöhlert mit in seine eben gegründete Fabrik. Wir sahen, wie diese beiden Männer zusammen die erste Borsiglokomotive bauten, doch ihre Naturen waren wohl zu verschieden, sodaß Wöhlert kurz danach seinen Arbeitsplatz kündigte, um dem Ruf der Preußischen Seehandlung, einer staatlichen Bankgründung aus der Zeit Friedrichs des Großen, als Betriebsleiter ihrer Maschinenbau-Anstalt in Moabit zu folgen. Zu dieser Zeit beabsichtigte die »Seehandlung« bereits, das Unternehmen zu veräußern und August Borsig schien nicht abgeneigt zu sein, es zu übernehmen. Aber auch Wöhlert war daran interessiert, wie aus einem Brief hervorgeht, den er am 16. Juni 1842 an den Geheimrat Kayser von der Verwaltung der »Seehandlung« richtete:
. . . »Da ich vernahm, daß die innere Einrichtung der Mühle noch niemandem übergeben sei und die Unterhandlungen mit dem Maschinenbauer A. Borsig, hier, auch hinsichtlich der Übernahme der Werke gänzlich abgebrochen seien, so wage ich es, mich dem Geheimen Seehandlungsrat, Herrn Bergmann, für die Ausführung eines derartigen Werkes und Leitung der Fabrikanlagen in Moabit zu empfehlen.
. . . Privatverhältnisse zwischen dem p. Borsig und mir machten es jedoch wünschenswert, das Verhältnis zu demselben aufzugeben und ich bin sehr gern erbötig, Ew. Hochwohlgeboren hierüber die nötigen Mitteilungen zu machen.«
Borsig war also zu jener Zeit von einem Erwerb der in der Kirchstraße zu Moabit gelegenen Fabrik wieder zurückgetreten, weil der Fiskus eine zu hohe Kaufsumme forderte. Das Unternehmen verblieb vorläufig weiterhin im Besitz der »Seehandlung«. Doch Wöhlert spürte im Laufe seines dortigen Wirkens, daß er zum Beamten wenig geeignet war und faßte ebenfalls den Plan, sich selbständig zu machen, wozu ihm die »Seehandlung« finanzielle Unterstützung bot.

Abb. 47 Lageplan der Maschinenbau-Anstalt F. Wöhlert in Berlin um 1870.

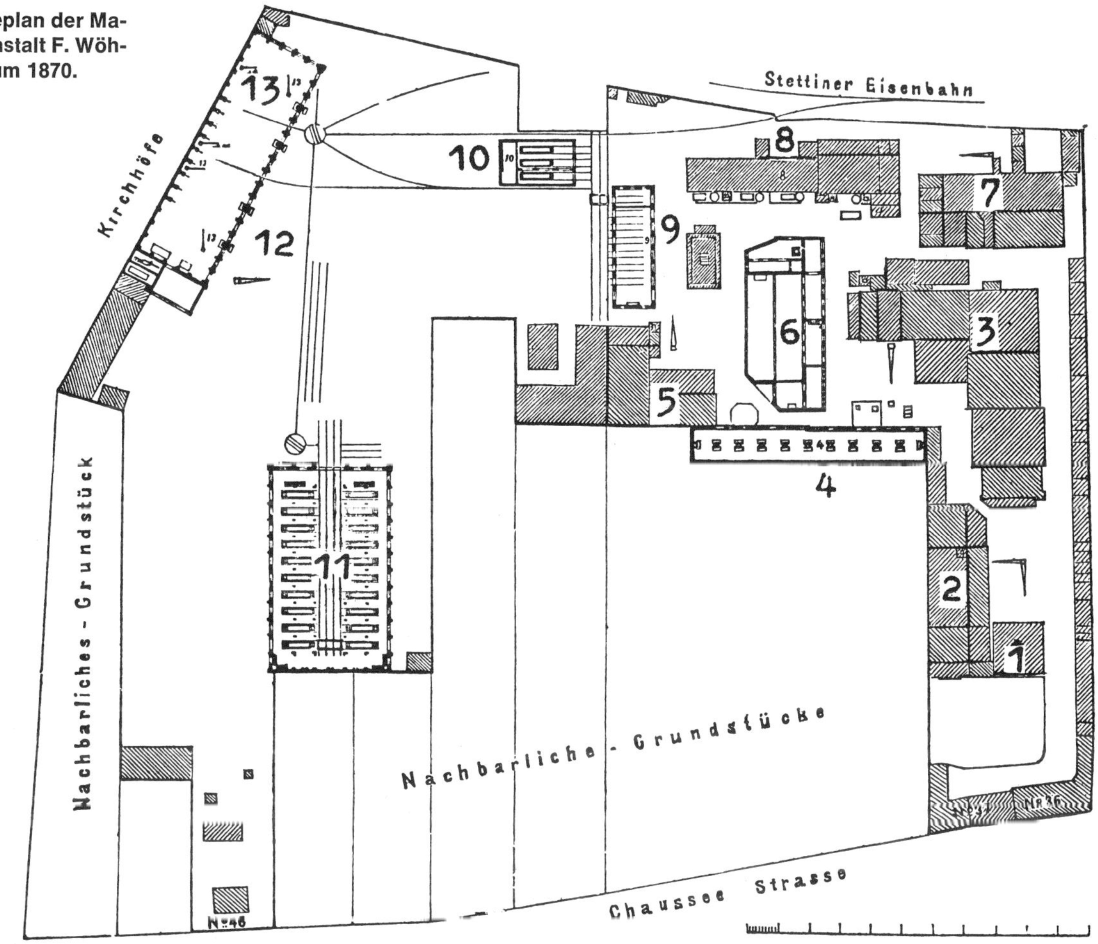

Fig 95. Situation.

1. Komtoir. 2. Rahmenwerkstatt. 3. Hauptwerkstatt. 4. Schmiede. 5. Räder-Dreherei. 6. Grosse Tender-Werkstatt. 7. Giesserei. 8. Räder-Schmiede. 9. Tender-Werkstatt. 10. Lackirer-Werkstatt. 11. Lokomotiv-Montir-Werkstatt 12. Kesselschmiede. 13. Drehkrahn.

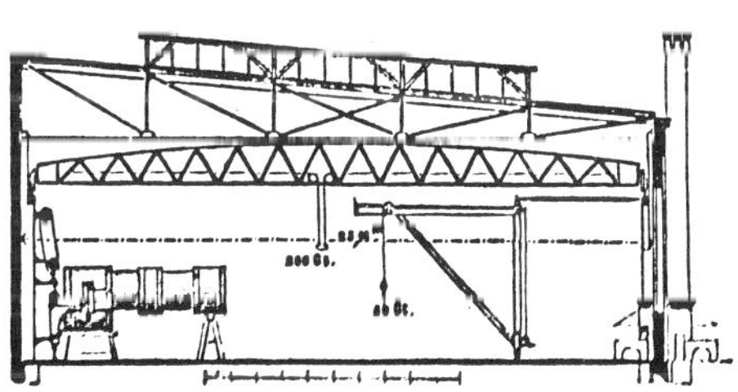

Fig. 96. Querschnitt der Kesselschmiede.

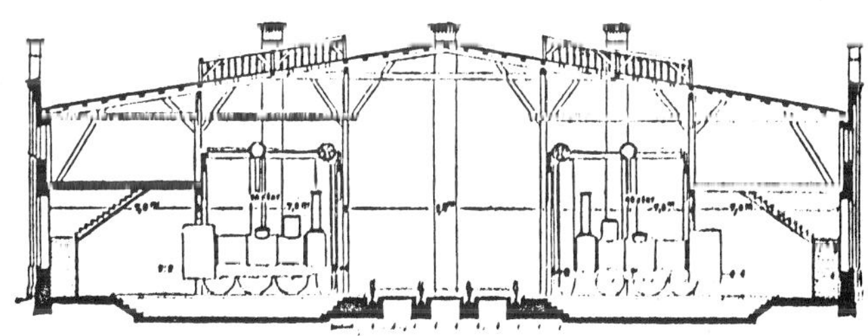

Fig. 97. Querschnitt der Lokomotiv-Montir-Werkstatt.

Fig. 95—97. F. Wöhlert'sche Maschinenbau-Anstalt und Eisengiesserei-Aktiengesellschaft.

So entstand im Jahre 1843 auf dem Grundstück Chausseestraße 36/37 die Maschinenfabrik und Eisengießerei F. Wöhlert (Abb. 47), die in den ersten Jahren ihres Bestehens Dampfmaschinen, Kräne, schwere Werkzeugmaschinen sowie Eisenkonstruktionen herstellte. An Betriebsmaterial für Eisenbahnen fertigte die Fabrik vorwiegend Achsen und Räder. Wöhlert war der erste in Deutschland, der ganz aus Schmiedeeisen zusammengeschweißte Räder als seine Spezialität fabrizierte.

Neben der Produktion im allgemeinen Maschinenbau, der das Rückgrat des Unternehmens bildete, wandte sich Wöhlert auch dem Lokomotivbau zu, durch den sein Name im In- und Ausland bekannt wurde. Zunächst aber lieferte er acht dreiachsige Tender für die 1844 eröffnete Altona-Kieler Eisenbahn. Daran schloß sich die Reparatur und der Umbau einer 1838 von Stephenson gelieferten B1-gekuppelten Lokomotive »Hercules« und einer 1839 von Tayleur gebauten 1A1-Maschine »Vulcan«, die beide der Berlin-Potsdamer Eisenbahn gehörten.

1848 war es dann soweit. Wöhlert begann mit dem Bau einer 1A1-Personenzuglokomotive mit durchhängendem Stehkessel, die an die Mecklenburgische Eisenbahn geliefert wurde und den Namen »Marschall Vorwärts« am Langkessel trug. Dann aber wurden wegen der allgemeinen schlechten Wirtschaftslage zunächst keine Lokomotiven weiter in Angriff genommen. Erst drei Jahre später folgte eine Serie von sechs Stück 1A1-Lokomotiven für die Königl. Preußische Ostbahn.

In dieser Zeit trat für das Werk eine Situation ein, die nach außen hin durch eine Anzahl interessanter Lokomotivkonstruktionen gekennzeichnet war, im Innern jedoch zwiespältig zu werden drohte. Wöhlert war zwar ein sehr tatkräftiger Mann und sein Wort »Machen wir!« zu jedem an ihn herangetragenen Auftrag wurde sprichwörtlich für ihn. Dennoch war er kein August Borsig, obwohl es ihn reizte, gegen den schnell berühmt gewordenen Lokomotivfabrikanten als Konkurrent aufzutreten. So engagierte er im Jahre 1851 den uns von früher her bekannten Maschinenmeister der Berlin-Hamburger Eisenbahn, Hermann Gruson (nicht zu verwechseln mit seinem jüngeren Bruder Gustav Gruson, dem späteren Obermaschinenmeister der gleichen Bahn), der bei Wöhlert sowohl dem Lokomotivbau als auch dem allgemeinen Maschinenbau Auftrieb verleihen und beide Fabrikationszweige konstruktiv entwickeln sollte.

Wie es in Wirklichkeit damit aussah, entnehmen wir den Lebenserinnerungen von R. Wolf, Begründer der Maschinenfabrik R. Wolf, Magdeburg-Buckau, der am 10. Juni 1853 in einem Brief an seinen Freund Libau die Verhältnisse bei Wöhlert wie folgt schildert:

. . . »Ich bemerkte früher, daß sich Gruson zu seinem Schaden nur für den Lokomotivbau interessierte und komme ich hierauf zurück, weil die Umstände, die sich daraus entwickelten, auf meinen weiteren Lebensgang einen eigentümlichen Einfluß ausübten. In den ersten Jahren von Grusons Engagement herrschte zwischen ersterem und dem alten Wöhlert das herzlichste Einvernehmen; ob etwas beim Lokomotivbau verdient wurde, kam noch nicht infrage und konnte vielleicht auch noch nicht vollständig beurteilt werden, dagegen kitzelte es den Ehrgeiz des Alten ganz gewaltig, mit Borsig in Konkurrenz zu treten und letzteren, was Konstruktion und Ausführung der Lokomotiven anbelangte, fast schon »über« zu sein. Das hätte vielleicht auf die Dauer so bleiben können, wenn Gruson nur ein wenig konservativ in konstruktiver Beziehung gedacht hätte, der Kostenpunkt spielte aber bei ihm gar keine Rolle, und so wurde bei jeder neuen Lokomotivbestellung immer von neuem loskonstruiert, alte bewährte

Konstruktionen mit souveräner Verachtung gestraft und dafür manche von zweifelhaftem Wert adoptiert. Wenn man nun in Rechnung zieht, daß Borsig durch seine Preisstellungen den aufblühenden Gegner nicht aufkommen zu lassen sich bemühte und er in den Eisenbahnmaschinenmeistern meistens gefügige Werkzeuge hatte, da dieselben zum allergrößten Teil aus der Borsigschen Fabrik hervorgegangen waren, so kann man leicht übersehen, einen wie schweren Stand der Wöhlertsche Lokomotivbau schon aus diesen Rücksichten hatte. Wie sich nun vollends herausstellte, daß der bei den Lieferungen stationärer Maschinen usw. erzielte Gewinn kaum die Verluste des Lokomotivbaues deckte, da war die Wöhlert-Grusonsche Freundschaft nicht mehr weit her; als sich aber noch intriguante Hetzereien vom Comtoir aus unter Mitwirkung des langen Bernauer hinzugesellten, da wurde die Grusonsche Stellung immer unhaltbarer. Im Wege der Kündigung oder offenen Bruchs konnte freilich nichts ausgerichtet werden, denn Gruson hatte mehrjährigen Kontrakt, aber nadelstichartig suchte man ihn zu ärgern und zu kränken, um ihn zu freiwilliger Abdiction zu bewegen. Ich sollte hierbei auch eine Rolle spielen, ich sollte mich, wie man mir comtoirseitig unter den Fuß gab, in Gemeinschaft mit Frick nur tüchtig hervortun, wir könnten dann sehr wohl die teuren Leute Gruson und Veit-Meyer ersetzen. Den Trabanten des Comtoirs ließ ich natürlich gehörig abfallen und versicherte ihm, daß ich, abgesehen von meiner noch geringfügigen Befähigung, für die mir zugemutete Perfidie einem Manne gegenüber, den ich hoch achtete, nicht das richtige Werkzeug sei. Achselzuckend bedauerte der Trabant meine Meinung und nun wußte ich, was die Glocke geschlagen hatte.

... Außer mir fand eines Morgens Lemelson, Schultz, O. Gruson und ein gewisser Chemnitz seinen Aufsagebrief auf dem jeweiligen Zeichentisch. Während in letzterem die Kündigung mit »veränderten Dispositionen« motiviert wurde, war der eigentliche Grund sehr leicht in dem schon früher erwähnten Bestreben zu finden, Gruson zu kränken und zu isolieren, denn alle Gerichteten waren von letzterem s. Zt. engagiert und schworen zu seiner Fahne. Und Veranlassung zur Unzufriedenheit wegen mangelhafter Leistungen oder Betragens lag bei keinem der »Geschassten« vor, wenigstens strömten ja die uns bei unserem Abgang verabreichten Zeugnisse förmlich von Lob über, und als ich von Wöhlert Abschied nahm, entließ mich der alte schwache Mann tränenden Auges.«

Trotzdem waren die Jahre Grusonscher Tätigkeit für Wöhlerts Lokomotivbau keineswegs unfruchtbar. In dieser Zeit wurden die Fabriknummern 2 bis 63 gebaut, die, wie aus der Aufstellung am Schluß des Kapitels hervorgeht, praktisch alles umfaßten, was damals von den Bahnverwaltungen verlangt wurde. Besonders bekannt wurde der Name Wöhlert durch den Bau sogenannter Crampton-Lokomotiven.

Diese Bauart ist nach ihrem Konstrukteur Thomas Russel Crampton bezeichnet, der 1816 zu Broadstairs in der englischen Grafschaft Kent geboren wurde. Sein Name ist mit Berlin noch in besonderem Maße verbunden, als er, der zusammen mit Sir Charles Fox in London ein Ingenieurbüro betrieb, die Berliner Wasserversorgung mit einem Wasserwerk in der Stralauer Allee einrichtete und hierfür in London die »Berlin Waterworks Company« ins Leben rief.

Das Charakteristikum der Crampton-Lokomotiven war die außergewöhnlich tiefe Schwerpunktlage des Kessels und die damit verbundene Verlagerung der Treibachse hinter dem Kessel, deren Treibraddurchmesser das übliche Maß beträchtlich überschritt (Abb. 48). Beide Merkmale

Abb. 48 2A-n2-Schnellzuglokomotive der Hannoverschen Staatsbahn, gebaut 1854. Fabr.-Nr. Wöhlert 60.

wiederum ermöglichten hohe Fahrgeschwindigkeit von über 100 km/h. Die Crampton-Lokomotiven fanden Mitte des vorigen Jahrhunderts in Europa vielfache Verwendung. An ihrer Herstellung war Wöhlert mit 34 Einheiten der zweitgrößte Fabrikant nach J. F. Cail in Paris. Er begann, unterstützt von Gruson, im Jahre 1852 mit dem Bau der ersten acht Stück 2A-Schnellzugmaschinen, die, wie die Lieferliste zeigt, an die Königl. Preußische Ostbahn gingen. Der größte Abnehmer jedoch wurde die Hannoversche Staatsbahn, die diese Lokomotiven außer von Wöhlert auch von Georg Egestorff in Linden bei Hannover bezog.

Die Wöhlertschen Maschinen waren nicht eine bloße Kopie englischer Vorbilder sondern wiesen eine Reihe eigenständiger Konstruktionsmerkmale in der Ausführung des Rahmens und Räder sowie des Kessels auf. So besaßen beispielsweise die »Cramptons« der Preußischen Ostbahn auf dem zweiten Kesselschuß einen Dampfdom; auch war die übliche überhöhte Feuerkiste beibehalten worden. Als erster in Deutschland hatte Wöhlert die Gooch'sche Steuerkulisse angewandt und die Fahrpumpen wurden vom Kreutzkopf her angetrieben.

Crampton-Lokomotiven gab es mit außenliegendem aber auch — über Blindwelle — mit innenliegendem Triebwerk. Soweit letztere auf deutschem Boden gebaut wurden, stammten sie alle aus der Wöhlertschen Fabrik. Doch im Gegensatz zu den meisten ihrer Schwestern mit Außenzylindern überlebte keine das Jahr 1873. Mit zunehmendem Alter häuften sich bei den Innenzylindern-Cramptons die Kurbelachsenbrüche. Wie bei allen Kropfachsen der damaligen Zeit waren diese Brüche in erster Linie auf zu schwache Dimensionierung zurückzuführen.

Wie sein großer Konkurrent Borsig war auch

Wöhlert auf der Pariser Industrieausstellung, die im Jahre 1855 mit großem Pomp eröffnet wurde, vertreten und zwar – wie konnte es anders sein – mit einer Cramptonlokomotive für die Hannoversche Staatsbahn, Betriebs-Nr. 145. Es war die letzte Maschine dieser Art, die von Wöhlert unter Fabriknummer 62 im Dezember 1855 nach Hannover geliefert wurde. Mit ihr verließ auch Hermann Gruson das Werk.

Doch noch einer zweiten Konstruktion aus seiner Tätigkeit gilt es zu gedenken: Im Jahre 1853 baute die Fabrik die erste dreiachsige, dreifach gekuppelte Güterzuglokomotive in Preußen. Es waren dies fünf Stück C-n2-Güterzuglokomotiven für die Königl. Westfälische Eisenbahn, Fabrik-Nummer 23–27. Weitere Maschinen dieser Art wurden von Wöhlert, wenn auch mit Unterbrechungen, immer wieder an diese Bahn geliefert, und wenn man eine der letzten Ausführungen (Abb. 49) mit jenen von damals aus dem Jahre 1853 vergleicht, dann ist noch nach zwanzig Jahren die Grundkonzeption die gleiche geblieben. Die dargestellte Maschine, die später zur KED Hannover kam und zuletzt dem Maschinenpark der KED Münster unter Nr. 716 angehörte, wurde im Jahre 1901 ausgemustert.

Von der ersten Lieferung, Fabrik-Nummer 23 bis 27, explodierte am 1. Juni 1869 die Nr. 23, die unter dem Namen »Warburg« und der Betr.-Nr. 19 auf der Gebirgsstrecke Paderborn–Warburg Dienst tat, auf dem Bahnhof Altenbeken. Darüber berichtet die Altenbekener Ortschronik ausführlich in ihrem ersten Band auf Seite 150:

»Am 1. Juni des Jahres 1869 ereignete sich auf dem hiesigen Bahnhof ein Unglück. Morgens gegen ½9 Uhr hörte man im Dorf einen fürchterli-

Abb. 49 C-n2-Güterzuglokomotive der KED Münster Nr. 716. Gebaut 1872. Fabr.-Nr. Wöhlert 364. (Archiv Pierson)

chen Knall, sodaß viele Fensterscheiben klirrten und einzelne Häuser bebten. Der Kalk fiel von den Decken. Die Lokomotive eines haltenden Güterzuges war explodiert, nachdem der haltende Personenzug etwa 3 Minuten vorher abgefahren war. Viele Einwohner liefen zum Bahnhof und stellten fest, daß von der Maschine nur noch das Gerippe und die kreuz und quer durcheinander hängenden Röhren zu sehen waren. Einzelne Stücke der Maschine waren in alle Richtungen geschleudert. Ein großes Stück – etwa 7 bis 8 Ctr schwer – war über das Stationsgebäude 300 Schritt weit ins Feld geflogen und hatte sich hier mehrere Fuß tief in den Boden gearbeitet. Ein zweites Stück von 4 Ctr war ebenfalls ins Feld geschleudert und ein drittes Stück hatte einen Teil des Stationsgebäudes zerschmettert und ein anderes eine Verbindungsmauer zerstört. Kleine Teile waren auch dem Dorfe zu geflogen. Menschenleben waren nicht zu beklagen. Sieben Menschen wurden verwundet, die aber nicht gestorben sind.«

Die Maschinen, Fabrik-Nr. 24 bis 27 wurden daraufhin aus dem Verkehr gezogen, um sie gründlich zu untersuchen, nachdem es sich herausgestellt hatte, daß das Unglück infolge eines Konstruktionsfehlers am Sitz des Dampfdomes auf dem Kessel verursacht war. Immerhin waren 19 Jahre bis zu diesem Ereignis seit der Ablieferung der Lokomotiven an die Bahnverwaltung vergangen. Auch ein eingehender, amtlicher Untersuchungsbericht ist uns überliefert.

Das Lieferverzeichnis läßt erkennen, daß von den hier bisher erwähnten 63 Lokomotiven nur sechs an altpreußische Privatbahnen gingen (2 Cramptons an Magdeburg-Halberstadt, 3 Cramptons an die Wilhelmsbahn (Kosel-Ratibor-Oderberg) in Oberschlesien, die damals noch eine reine Privatbahn war, und eine C-Tenderlokomotive an die Rheinische Bahn). Dazu kamen die drei altpreußischen Staatsbahnen (Königl. Ostbahn mit achtzehn, Königl. Saarbrücker mit drei und die Königl. Westfälische Eisenbahn mit fünf Lokomotiven). Wenn man die Aachen-Düsseldorf-Ruhrorter mit vier und die Bergisch-Märkische Eisenbahn mit zwei Maschinen dazurechnet, so gingen insgesamt 25 Einheiten an außerpreußische Bahnverwaltungen.

Die großen altpreußischen Privatbahnen bezogen ihre Lokomotiven in den fünfziger Jahren fast ausschließlich von Borsig. Wöhlert hat erst Ende der sechziger Jahre (1868) wieder Maschinen an preußische Privatbahnen geliefert. Die Lokomotivbestellungen der Staatsbahnen oder unter staatlicher Aufsicht stehenden Bahnen bei anderen Firmen als Borsig dürften damals in erster Linie den Zweck verfolgt haben, auch andere Fabriken auf diesem Gebiet zu unterstützen und leistungsfähiger zu machen. Und der damalige preußische Handelsminister, Graf von Itzenplitz, der, wie wir sahen, sowieso kein Freund von Albert Borsig, dem Sohn und Nachfolger des verstorbenen Lokomotivkönigs war, unterstützte diese Tendenz.

Wöhlert hatte sich von Anbeginn an einer halbzylindrischen Überhöhung des Stehkessel zugewandt, wie sie bereits bei seiner Fabrik-Nr. 1 vorhanden war. Er hat diese Ausführung, wo es nur ging, beibehalten.

Obwohl in technischer Hinsicht der Wöhlertsche Lokomotivbau in den Jahren 1851 bis 1855 recht beachtliche Leistungen aufwies, geriet er dennoch in wirtschaftliche Bedrängnis, sodaß Wöhlert den Mut zu einer weiteren Fabrikation verlor. 1856 wurde nur die Fabriknummer 64 abgeliefert, dann erscheinen in der Lieferliste erst wieder ab 1858 eine Anzahl Maschinen für die Niederschlesisch-Märkische Eisenbahn, und zwar nach den Zeichnungen der Bahnverwaltung, für die deren Obermaschinenmeister August Wöhler verantwortlich war. 1862 folgte ein eigener Neuentwurf, eine kräftige C-n2-Tenderlokomotive für die Wilhelmsbahn, doch hatten die Maschinen anscheinend nicht befriedigt, denn die Bahn ging bald danach zur Außenrahmen-Bauart österreichischer Herkunft über.

Auch die folgenden Lieferungen bis Fabrik-Nr. 163 waren wieder Maschinen nach Zeichnungen bestellender Staatsbahnen oder unter Staatsverwaltung stehender Privatbahnen. Dann aber kam

Abb. 50 B'1'-Dampftriebgestell, gebaut 1870. Fabr.-Nr. 253 und 254. (Archiv Pierson)

der große Durchbruch und brachte in den Jahren 1867 bis 1875 die Blütezeit des Wöhlertschen Lokomotivbaues, sodaß die Fabrik zeitweise bis zu zweitausend Arbeiter beschäftigte. Neben vielen von den Bestellern vorgeschriebenen Lokomotivausführungen entstanden auch wieder eine Reihe eigener Entwürfe, und wie es zehn Jahre nach der Aera Gruson in der Konstruktionsabteilung jetzt zuging, hat uns der bereits genannte Ingenieur-Schriftsteller Heinrich Seidel, der dort selbst am Reißbrett gestanden hat, in seinem Roman »Lebrecht Hühnchen« in echt spritzwegscher Darstellung nachgezeichnet.

In dieser von ihm geschilderten skurrilen Szenerie wurde eines Tages auch eine Lokomotivkonstruktion für einen Spezialzweck geboren, über die sich die Historiker bis heute den Kopf zerbrochen haben. In dem uns von ihnen hinterlassenen Lokomotiv-Verzeichnis erscheint unter den Fabriknummern 253 und 254 aus dem Jahre 1870 ein Dampftriebgestell ohne nähere Angaben (Abb. 50). Die Originalaufnahme soll sich nach Angabe des verstorbenen Dr. ing. Max Mayer von der ehemaligen Lokomotivfabrik Eßlingen im Deutschen Museum in München befinden, das diese Aussage jedoch nicht zu bestätigen vermochte. Das Verkehrsarchiv beim Verkehrsmuseum Nürnberg besitzt sie gleichfalls nicht. Dr. ing. Mayer hatte sich s. Zt. in »Glaser's Annalen 1952« bemüht, die Konstruktion dieses Dampftriebgestells aufgrund des Fotos zu analysieren und kam zu dem Schluß, daß diese B'1'-Lokomotive auf zwei verschiedenen Ebenen gefahren sein muß, und zwar scheinen die rechten Räder Rillenradreifen gehabt zu haben, die auf einer Vignolschiene abrollten während – immer in Fahrtrichtung – die linken Räder auf einer im Niveau des Bahnkörpers liegenden glatten Lauffläche liefen. Es gibt andererseits auf einem Foto aus dem inzwischen aufgelösten Archiv eines Dipl. ing. Schmeiser in Wiener-Neustadt einen Vermerk des bekannten Historikers F. Gaiser »Für Newa-Eisenbahn St. Petersburg«. Das scheint aber auf einer Verwechslung mit der 1861 auf der gefrorenen Newa zwischen Petersburg und Kronstadt in Betrieb gewesenen Grew's Eislokomotive »Rurik« zu beruhen, von der sich ein Modell im Science Museum London befindet. Auf jeden Fall läßt der Funkenfänger auf dem Schornstein die Annahme einer Verwendung in Rußland zu, wo ja damals die Holzfeuerung vorherrschend war.

Ebenfalls nach Rußland lieferte Wöhlert im Jahre 1870 acht Stück C-n2-Güterzuglokomotiven unter Fabriknummer 240 bis 247. Ein Bild der Maschine

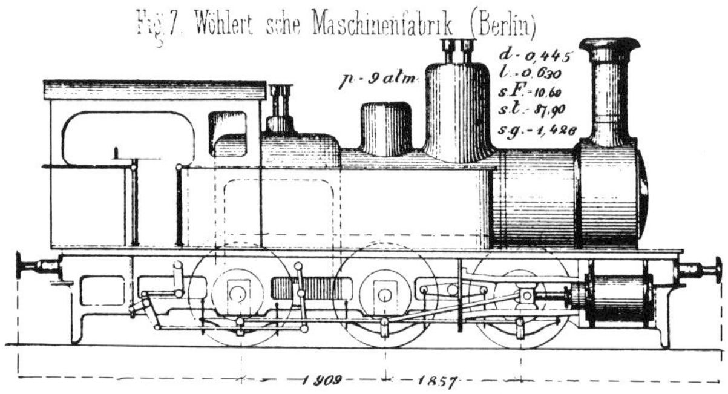

Abb. 51 C-n2-Tenderlokomotive der Oberschlesischen Eisenbahn Nr. 256. Gebaut 1872. Fabr.-Nr. Wöhlert 386. (Archiv Pierson)

T 237 findet man in dem Werk von Helmholtz-Staby »Die Entwicklung der Lokomotive«.
Im Jahre 1873 war auf der Wiener Weltausstellung neben Borsig und Schwartzkopff auch Wöhlert vertreten, der hierfür eine Maschine aus einer Serie von fünf Stück C-n2-Tenderlokomotiven für die Oberschlesische Eisenbahn (Breslau-Oppeln-Kattowitz-Oswiezim) ausgewählt hatte (Abb. 51). Diese Maschinen besaßen Innenrahmen und waren für den Betrieb gemischter und Güterzüge auf Seitenstrecken, die von genannter Hauptlinie abgingen, vorgesehen sowie zu Rangierzwecken bestimmt. Der Kohlevorrat befand sich in einem Behälter auf dem Führerstand; das Wasser war in seitlich am Kessel angeordneten Tanks untergebracht. Die Sicherheitsventile entsprachen der Ausführung Ramsbottom, die Feuerkiste der Ausstellungsmaschine, Fabriknummer 386, wies eine Stösger'sche Rauchverbrennungseinrichtung auf. Die Stephensonsche Steuerung befand sich zwischen den Rahmenwangen und war daher nur vom Reinigungskanal her zugänglich.

Abb. 52 B1-n2-Tenderlokomotive Gattung T 2 der KED Berlin. Betr.-Nr. 6042. Gebaut 1874. Fabr.-Nr. Wöhlert 607. (Archiv Pierson)

Abb. 53 1B-n2-Personenzuglokomotive der KED Breslau Nr. 149 als Heizlok 136 in Berlin. Gebaut 1871. Fabr.-Nr. Wöhlert 294. (Archiv Pierson)

Die gleiche Schwierigkeit wiesen sechs für die Berlin-Görlitzer Eisenbahn im Jahre 1874 gebauten B1-n2-Tenderlokomotiven, Fabriknummer 605 bis 610 auf, von denen wir die Nummer 607 in Abb. 52 bringen. Sie wurde zusammen mit den Nummern 606 und 608 im Jahre 1882 in den Maschinenpark der KED Berlin eingereiht und dort liefen sie zuletzt als Gattung T 2 unter den Betriebsnummern 6041 bis 6043. Eine von ihnen diente noch bis 1912 ohne Führerhaus als Heizkessel im Bereich eines Berliner Bw.

Ähnlich erging es einer 1B-n2-Personenzuglokomotive der Stargard-Posener Eisenbahn, von der im Jahre 1871 drei Stück mit den Fabriknummern 294 bis 296 gebaut wurden. Zusammen mit drei gleichen Maschinen aus einer früheren Lieferung gingen sie nach der Verstaatlichung der Bahn an die KED Breslau. Die Fabriknummer 294 kam später an Bromberg, lief im dortigen Direktionsbezirk unter Nr. 149 und wurde im Jahre 1903 ausgemustert. Dann ging ihre Spur verloren bis die Lokomotive eines Tages in ihrer Geburtsstadt Berlin wieder auftauchte und die letzten Jahre ihres Lebens als Heizmaschine Nr. 136 am Rande des Rangierbahnhofs Tempelhof verbrachte (Abb. 53), wo sie 1915 von der dortigen Hauptwerkstatt verschrottet wurde.

Eine weitere interessante Lokomotivkonstruktion bildete eine B-n2-Tenderlokomotive, die in drei Einheiten unter Fabriknummer 316 bis 318 im Jahre 1871 an die »Alpine Montan-Gesellschaft« in Österreich gingen. Sie wurden von der »Vordernberger Gewerkschaft« für die Strecke Zeltweg-Fahnsdorf beschafft und liefen später auf der Strecke Tarvis-Pontafel der staatlichen Kronprinz Rudolf-Bahn in Kärnten. Von der Fabriknummer 316 ist bekannt, daß sie den Namen »Härtig« führte und später unter dem Typenzeichen B-17 der K. und K. Staatsbahnen mit der Betriebsnummer 8500 bis zum Jahre 1902 Dienst tat.

Bleiben wir gleich in der Donaumonarchie und

Abb. 54 B-n2-Tenderlokomotive für Verschiebedienst der Oldenburgischen Staatsbahn. Betr.-Nr. 23 bis 26. Gebaut 1872. Fabr.-Nr. Wöhlert 429—432. (Archiv Pierson)

beschäftigen wir uns kurz mit den Fabriknummern 281 und 282 aus dem Jahre 1870. Sie galten fast ein Jahrhundert als unbekannt, bis sie 1964 in den ungarischen Stahlwerken von Diosgyör bei Miskolc als Wöhlertmaschinen entdeckt wurden. Es waren 1B-Schmalspur-Stollenlokomotiven für eine Spurweite von 1000 mm, die mit Goochsteuerung ausgerüstet waren (Abb. 55). Für einschlägige Interessenten zeigen wir gleichzeitig das Fabrikschild (Abb. 56) mit der darüber befindlichen Betriebsnummer 2. Später erhielt diese Maschine eine Nummer der Ungarischen Staatsbahnen — MÁV 293 5002. Mit einer dritten Stollenlokomotive für Diosgyör schloß übrigens der Wöhlert'sche Lokomotivbau im Jahre 1882 seine Pforten. Diese letzte Maschine, Fabriknummer 773, erhielt die MÁV-Nr. 293 5001.

Anfang der siebziger Jahre setzte sich die Krauß'sche Bauart zweiachsiger, leichter Tenderlokomotiven auch im norddeutschen Raum mehr und mehr durch. Die Oldenburgische Staatsbahn baute wegen zu hoher Herstellungskosten sei-

Abb. 55 1B-n2-Stollenlokomotive (1000-mm-Spur) der Stahlwerke Diosgyör (Ungarn) Nr. 2. Gebaut 1870. Fabr.-Nr. Wöhlert 282. (Foto: Hohmann)

tens der Lokomotivindustrie zunächst zwölf derartige Maschinen nach eigenen Plänen in ihrer Hauptwerkstatt Oldenburg; bestellte jedoch später weitere B-n2-Tenderlokomotiven bei Krauß-München, »Hohenzollern« in Düsseldorf und F. Wöhlert in Berlin (Abb. 54). Auch die Eutin-Lübekker Eisenbahn, die erste Bahn, die jahrelang nur mit Wöhlertlokomotiven betrieben wurde, erhielt von dieser Fabrik zweiachsige Tendermaschinen nach Krauß'schem Vorbild.

Zwei weitere Bahnen, die zunächst auch nur Wöhlertlokomotiven besaßen, waren die Weimar-Geraer Eisenbahn und die Posen-Kreuzburger Eisenbahn von Posen über Jarotschin-Ostrowo Kempen nach Kreuzburg (200 km), letztere mit 21 Stück B1-Güterzuglokomotiven und 10 Stück 1B-Personenzuglokomotiven. Bei der diese Bahn in Jarotschin kreuzenden Oels-Gnesener Eisenbahn mit 160 km Streckenlänge stammten jahrelang die Mehrzahl der Maschinen aus der Wöhlertschen Fabrik.

Inzwischen aber hatten sich die Verhältnisse des Unternehmens derart geändert, daß es zweckmäßig erschien, die Firma finanziell auf eine breitere Basis zu stellen, zumal Friedrich Wöhlert gesundheitlich der Schonung bedurfte. Den Schwerpunkt in der Produktion bildete nach wie vor der allgemeine Maschinenbau und der Sektor Eisenkonstruktionen, die das Geld brachten. So kam es 1872 zur Bildung der »F. Wöhlertschen Maschinenbau-Anstalt und Eisengießerei Aktiengesellschaft«. Sie besaß die durch Hermann Geber und Konsorten vorgekaufte frühere F. Wöhlertsche Maschinenbau-Anstalt, zu der damals die Grundstücke Chausseestraße 36/37 und 46 sowie Teile der Grundstücke 45 und 48 gehörten, denn die Fabrik hatte sich, ähnlich wie bei Schwartzkopff, zwischen rückwärtigen Teilen privaten Geländes und dem Bahngelände entwickelt (Abb. 47).

Betrachtet man das Lieferverzeichnis, so fällt auf, daß mit dem Jahre 1874 der Höhepunkt der Lokomotivproduktion auch bei Wöhlert überschritten war. Die Gründe hierfür sind aus der einschlägigen Literatur bekannt. Dennoch läßt das Lieferprogramm des Jahres 1874 erkennen, daß u. a. eine der bekanntesten Eisenbahngründungen von Dr. Strousberg, die 1866 eröffnete Berlin-

Abb. 56 Fabrikschild der Lokomotivfabrik F. Wöhlert an einer Stollenlokomotive der Stahlwerke Diosgyör. (Foto: Hohmann)

Görlitzer Eisenbahn mit einer Streckenlänge, einschließlich der Seitenlinie Lübbenau-Kamenz, von insgesamt 315 km, ein beachtlicher Kunde der Wöhlertschen Maschinenbau-Anstalt geworden war. Die letzte überlebende, dem Autor noch bekannt gewordene Maschine dieser Bahn war die 1A1-n2-Personenzuglokomotive der späteren KED Berlin, Gattung P 0, Betr.-Nr. 1501 (Abb. 57). Diese aus dem Jahre 1874 stammende Maschine mit der Fabr.-Nr. 549 gehörte zu den 51 Einheiten, die seit 1870 nur noch in Norddeutschland gebaut worden waren, wobei Wöhlert mit 11 Maschinen einen Anteil von rd. 22 v. H. aufwies. Davon gingen allein acht »Spinnräder«, wie diese Maschinen allgemein genannt wurden, an die Berlin-Görlitzer Eisenbahn. Sie hatten innenliegende Stephenson-Steuerung mit offener Stange, erhöhte Feuerkiste Bauart Belpaire, und Luftdruckbremse, Bauart Carpenter, deren Luftbehälter in den Führerstand hineinragte. Bemerkenswert war auch der zweiachsige Tender für 8,6 cbm Wasser und 3,5 to Kohle.

Bei der Verstaatlichung der Berlin-Görlitzer Eisenbahn im Jahre 1882 gingen die Wöhlertschen »Spinnräder« mit ihren Betriebsnummern 53 bis 60 in den Maschinenpark der Königl. Eisenbahndirektion Berlin über und hier erlebte nur noch die Nr. 59 die letzte preußische Umzeichnung im Jahre 1906, wie sie mit Gattung und Betriebsnummer vorstehend angeführt ist. Sie wurde bis 1908 auf dem Anhalter Bahnhof in Berlin verwendet und diente bis 1911 in der Hauptwerkstatt Tempelhof als Heizmaschine. Dort konnte sie noch einmal im Bilde festgehalten werden, bevor sie als Schrott verkauft wurde.

Und hiermit schließt sich der Kreis auch für den

Abb. 57 1A1-n2-Personenzuglokomotive Gattung P O der KPEV, Nr. Berlin 1501. Gebaut 1874. Fabr.-Nr. Wöhlert 549. (Foto: Pierson)

Wöhlertschen Lokomotivbau. Er hatte von Berlin seinen Ausgang genommen und kehrte nach Berlin wieder zurück. Mit dem Jahre 1876 wurde die Produktion noch einmal unterbrochen. Es war die Zeit nach den hektischen Gründerjahren der Jahre 1871 bis 1875, in der viele Firmen in wirtschaftliche Schwierigkeiten gerieten. Der Rückgang des Bedarfs an Lokomotiven bei den Hauptbahnen einerseits, die bisher kaum ausgeschöpften Entwicklungsmöglichkeiten bei den sich gerade damals rasch ausbreitenden, durch Pferde gezogenen Straßenbahnen andererseits, boten Anreiz, sich mit der Konstruktion von Straßenbahnlokomotiven zu befassen. Der Trend hierzu kam aus England, wurde von namhaften Lokomotivfabrikanten in Deutschland und in der Schweiz aufgenommen und auch in Berlin wandte sich der Lokomotivbau dieser neuen Beförderungsart zu. Schwartzkopff baute eine normalspurige Lokomotive für Berlin mit Innenrahmen und hochliegenden Zylindern mit Balancierantrieb. Der liegende Rauchrohrkessel hatte eine runde, liegende, unten offene Feuerbuchse. Die Maschine besaß in beiden Fahrtrichtungen je einen Führerstand.

Wöhlert dagegen lieferte 1878 zwei B-gekuppelte Straßenbahnlokomotiven, Fabriknummer 695 und 696 mit Innenrahmen, Außenzylindern und Innensteuerung. Der normale Lokomotivkessel hatte eine überhöhte Stehkesseldecke nach Belpaire; die Feuertür lag in der Stehkesselrückwand, gefeuert wurde mit Koks, der mit Blechbüchsen aufgegeben wurde. Auch diese Maschinen hatten in beiden Fahrtrichtungen je einen Führerstand mit Reglerhebel, Umsteuerung und Bremshebel. Der Abdampf konnte wahlweise durch den Schornstein auspuffen oder in einem Kondensator niedergeschlagen werden. Zur Kesselspeisung dienten zwei Fahrpumpen sowie, bei Stillstand, ein Injektor.

Die beiden Maschinen wurden 1878 und 1880 in Berlin auf den Strecken Brandenburger Tor – Charlottenburg (Berliner Pferdeeisenbahn) und Schönhauser Tor – Pankow (Große Berliner Pferdeeisenbahn) im Probebetrieb verwendet. Wegen der damals verlegten zu leichten Holzschwellen waren die Maschinen für den Oberbau zu schwer und kamen erst 1888 auf der inzwischen entstandenen Berliner Dampfstraßenbahn zum Einsatz, wo sie bis zur Einführung des elektrischen Betriebes im Fahrdienst standen.

Fünf Jahre nach Umwandlung des Privatunternehmens »F. Wöhlertsche Maschinenbau-Anstalt« in eine Aktiengesellschaft starb der inzwischen zum Kommerzienrat ernannte Vorsitzende des Aufsichtsrats, Friedrich Wöhlert, fast völlig blind im achtzigsten Lebensjahr am 31. März 1877 und wurde auf dem Berliner Invalidenfriedhof beigesetzt. Drei Jahre später übernahm die Gesellschaft das Besitztum der 1875 in Konkurs gegangenen »Elbinger AG für Fabrikation von Eisenbahnmaterial«, die u. a. noch 1883 vier doppelstöckige Wagen für die Berliner Pferdeeisenbahn lieferte. Im Lokomotivbau kam es kaum noch zu einer Neukonstruktion. Die überwiegende Zahl der nach 1875 gelieferten Lokomotiven wurde für norddeutsche Bahnverwaltungen nach preußischen Normalien gebaut und der Auftragseingang hielt sich in bescheidenen Grenzen. Die Hoffnung auf das große Geschäft mit Straßenbahnlokomotiven erfüllte sich nicht.

In jener Zeit kam ein Aufsichtsratsmitglied der Gesellschaft mit dem Vorschlag, den Dampfbetrieb bei nicht schienengebundenen Fahrzeugen einzusetzen. Den Anstoß hierzu hatte ein gewisser Werner Siemens gegeben, der im Jahre 1879 auf der Berliner Gewerbeausstellung die von ihm konstruierte erste elektrische Lokomotive der Welt als Traktionsmittel einer Ausstellungsbahn vorgestellt hatte. Zweifellos hatten die Ausstel-

lungsbesucher damals Spaß an der Sache, die sie nur als Spielerei empfanden.
Der Bankier im Wöhlertschen Aufsichtsrat war anderer Ansicht. Er spürte, daß der von Siemens gewiesene Weg geeignet war, im Straßenverkehr ein gefährlicher Konkurrent zu werden und empfahl daher, mit dem Erfinder einer sog. »Dampfdroschke«, dem französischen Ingenieur Bollée, einen Lizenzvertrag einzugehen und derartige Wagen zu bauen.
So, wie etwa zwanzig Jahre zuvor Schwartzkopff mit einem dampfbetriebenen Straßenfahrzeug den Weg zum Lokomotivbau begann, so fand bei Wöhlert dieser Gedanke am Ende einer oft schmerzvollen Lokomotivepoche nun ebenfalls Eingang. Im Jahre 1880 rollte die erste Berliner Dampfdroschke aus dem Werktor in der Chausseestraße und durch den Tiergarten (Abb. 58).
Die Berliner »Nationalzeitung« berichtete in ihrer Ausgabe vom 27. August 1880 hierüber:
»Gestern hat der neue Straßendampfwagen sein schwerstes Stück Arbeit geleistet. Um 5 Uhr fan-

Abb. 58 1'A-Dampfdroschke der Lokomotivfabrik F. Wöhlert. Gebaut 1880. (Archiv Pierson)

den sich am Brandenburger Tor der Stellvertreter des Polizeipräsidenten, Geh. Reg. v. Heppe und der Chef des Berliner Fuhrwesens, Polizeirat v. Albert ein. Mit ihnen bestiegen ein hiesiger Bankier, der diesen Dampfwagen in Deutschland eingeführt und s. Zt. das Patent in Frankreich als Aufsichtsratsmitglied der Wöhlertschen Fabrik erworben hat, nebst seiner Gattin und der Vorsitzende des Aufsichtsrats mit seiner Gattin das von den Passanten bestaunte Gefährt.«

Ausführlich schildert der Bericht dann die Probefahrt »im Beisein einer hohen Obrigkeit« vom Brandenburger Tor über die Charlottenburger Chaussee nach Charlottenburg und zurück in einem Tempo von 20 km/h, die mehrmalige Umkreisung der Siegessäule vor dem Reichstagsgebäude sowie mehrerer Laternen, um die Kurvenläufigkeit nachzuweisen. Anschließend ging es dann die »Linden« entlang zum Schloß und wieder zurück, wobei die geringe Rauchentwicklung der Feuerung und das geräuscharme Arbeiten der Dampfmaschine auffiel. Obwohl sich in der Folgezeit viele hochgestellte Persönlichkeiten, ja selbst Kaiser Wilhelm I., dieser »Dampfdroschke« anvertrauten, blieb das Fahrzeug neben einem Dampfschlepper eine Einzelfertigung der Wöhlertschen Lokomotivfabrik.

Zwei Jahre später verließ die letzte Wöhlertlokomotive mit der Fabriknummer 773 das Werk. Sie war, wie wir sahen die dritte Stollenlokomotive für das ungarische Stahlwerk Diosgyör. Auf der Generalversammlung vom 25. Juni 1883 wurde die Liquidierung der »F. Wöhlertschen Maschinenbau-Anstalt und Eisengießerei AG Berlin« sowie der »Elbinger AG für Fabrikation von Eisenbahnmaterial, Elbing« beschlossen. Der Name des dritten großen Lokomotivbauers aber lebte noch lange Zeit in der Wöhlertstraße weiter, die später auf dem ehemaligen Fabrikgelände zusammen mit der Pflug- und der Schwartzkopffstraße einen Häuserblock unmittelbar an der Stettiner Bahn umschloß und die Erinnerung wach hielt an eine Zeit, da drei große Lokomotivfabriken und die größte deutsche Waggonbau-Anstalt die Chausseestraße zu einem Begriff in aller Welt werden ließen.

Lieferverzeichnis der Lokomotivfabrik F. Wöhlert

Fabrik-Nr.	Jahr	Besteller Name – Bahnnummer	Bauart	Triebwerk (mm)			Kessel m²			Dienst-gew. t
				Zyl.-Φ	Hub	Treib-rad-Φ	atü	Rost	Heizfl.	
1	1848	Mecklenburgische E.								
		»Marschall Vorwärts«	1A1	343	508	1618	8	1,2	62,5	24,2
2–4	1851	Kgl. Ostbahn 10–12	1A1	356	508	1524				
5–7	1852	13–15								
8	1851	Lübeck-Büchener E. »Gazelle«	1A1	356	508	1676				
9–11	1852	Sächsisch-Bayer. E.								
		»Phönix«-»Büffel«	1B	406	610	1555				
12–19	1852	Kgl. Ostbahn 20–27	2A	381	508	1982	6	1,07	78,6	24,9
20–22	1852	Kgl. Saarbrücker E. VI–VIII	1B	381	559	1532				
23–27	1853	Kgl. Westfälische E. 19–23	C	432	607	1220				
28–29	1853	Sächsisch-Schlesische E.								
		»Breslau«-»Wöhlert«	1B	406	610	1524	7	1,2	80,6	27,8
30–33	1853	Kgl. Ostbahn 31–34	1A1	381	559	1676				
34–35	1853	Magdeburg-Halberstadt								
		»Berlin«-»Hannover«	2A	381	508	1981	6		71,6	22,5
36–37	1853	Aachen–Düsseldorf–Ruhrort								
		»Rhein«-»Roer«	2A	381	508	1981	6,6	0,9	71,7	26,1
38–39	1853	desgl. »Erft«-»Neers«	1B	400	610	1220				
40–41	1853	Bergisch-Märkische E.								
		»Paderborn«-»Soest«	1B	432	610	1270				
42–51	1853	Hannoversche Stb. 111–120	2A	406	560	2134	6	1,3	80,1	30,9
52–53	1854	Wilhelmsbahn 11–12	2A	406	560	2134	6		84,7	28,8
54–61	1854	Hannoversche Stb. 130–137	2A	406	560	2134	6	1,3	80,1	30,9
62	1855	desgl. 145	2A	406	560	2134	6	1,3	80,1	30,9
63	1855	Wilhelmsbahn 15	2A	406	560	2134	6		84,7	28,8
64	1856	Rheinische Eisenbahn								
		Woehlert Nr. 11	Ct	457	610	1524				
65–70	1858	Niederschlesisch-Märkische E.								
		127–132	1B	432	629	1280	7,1	1,16	98,4	33,8
71–72	1860	Niederschlesisch-Märkische E.								
		141–142	1B	432	629	1280	7,1	1,16	98,4	33,8
73–74	1862	desgl. 147–148	1A1	406	508	1846				
75–78	1862	desgl. 149–152	1B	432	629	1280	7,1	1,16	98,4	33,8
79	1862	Wilhelmsbahn 24	C	457	610	1257				
80–83	1863	Niederschlesisch-Märkische E.								
		161–164	1A1	406	508	1846				
84–85	1863	Wilhelmsbahn 25–26	C	457	610	1257				
86–100	1863	Kgl. Ostbahn 157–171	B1	425	602	1334	9	1,4	83,7	34,4
101–102	1864	Wilhelmsbahn 27–28	C	457	610	1257				
103–109	1864	Niederschlesisch-Märkische E.								
		200–206	1B	432	629	1280	7,1	1,16	98,4	33,8
110–117	1866	Kgl. Ostbahn 135–142	1A1	399	556	1883				
118–122	1866	Oberschlesische E. 175–179	B1	432	630	1410	8,6	1,3	96,3	36,6
123–133	1867	desgl. 180–190	B1	432	630	1410	8,6	1,3	96,3	36,6

Fabrik-Nr.	Jahr	Besteller Name – Bahnnummer	Bauart	Triebwerk (mm) Zyl.-⌀	Hub	Treib-rad-⌀	Kessel m² atü	Rost	Heizfl.	Dienst-gew. t
134–141	1867	Niederschlesisch-Märkische E. 226–233	B1t	356	508	1068	8	1,1	56,2	35,8
142–153	1867	Oberschlesische E. 191–202	B1	432	630	1410	8,6	1,3	96,3	36,6
154–163	1868	Niederschlesisch-Märkische E. 262–271	C	458	628	1280				
164–165	1868	Halle-Casseler E. »Barbarossa«-»Martinus«	C	432	610	1372				
166–167	1868	desgl. »Minden« »Witzenhausen«	1B	406	560	1524				
168–173	1868	Breslau-Freiburger E. 40–45	C	457	610	1372				
174–176	1868	Stargard-Posener E. 1–3	1B	406	610	1885				
177–185	1868	Oberschlesische E. 213–221	1B	406	610	1885				
186–195	1868	Bergisch-Märkische E. 268–277	C	445	627	1270	8	1,5	113,8	37,5
196	1868	Obersch. E. 237	Ct	392	522	1203				45,0
197–198	1869	Magdeburg-Leipziger E. »Courier« – »Antilope«	1B	406	560	1884				
199–202	1869	Westfälische E. 96–99	C	470	628	1255				
203–206	1870	Berlin-Görlitzer E. 27–30	1B	418	576	1750	8,5	1,5	106,6	37,5
207–208	1870	desgl. 31–32	C	458	610	1380				
209–210	1870	Rhein-Nahe-E. »Mosel« – »Saar«	1B	406	560	1556				
211–213	1870	Magdeburg-Leipziger E. »Saar« – »Warthe« – »Netze«	C	432	610	1372				
214–221	1870	Breslau-Freiburger E. 50–57	1B	418	523	1570				
222–227	1870	Kgl. Westfälische E. 106–111	1B	432	575	1752				
228–230	1870	Kgl. Saarbrücker E. 75–77	1B	406	560	1528				
231–236	1870	Kgl. Ostbahn 271–276	C	445	628	1347	9,3	1,5	106,1	37,5
237–239	1870	Wilhelmsbahn 31–33	1B	419	550	1092				
240–247	1870	Rjäsan-Kozlow-Bahn	C							
248–252	1870	Niederschlesisch-Märkische E. 309–313	C	458	628	1280				
253–254	1870	Dampftriebgestell								
255–258	1870	Berlin-Stettiner E. D 105–D 108	C	418	628	1255				
259–274	1870	Berlin-Stettiner E. D 7–D 22	1B	406	560	1676	8	1,5	69,1	32,1
275–280	1870	Kgl. Westfälische E. 112–117	1B	432	575	1752	8,5	1,4	93,3	34,0
281–282	1870	Stahlwerke Ungarn	1Bt							
283–288	1870	Oberschlesische E. 243–248	1B	420	610	1885				
289–293	1870	Niederschlesische-Märkische E. 314–318	C	458	628	1280				
294–296	1871	Stargard-Posener E. 8–10	1B	420	610	1885	10	1,3	90,7	39,0
297–306	1871	Niederschlesisch-Märkische E. 324–333	C	458	628	1280				
307–313	1871	Berlin-Stettiner E. A 201 – A 207	B1t	418	628	1255				
314–315		desgl. D 201 – D 202	B1t	418	628	1255				
316–318	1871	Alpine Montan-Ges. (Österreich) B–17	Bt	265	470	950	10	0,7	34,4	19,5
319–320	1871	Berlin-Görlitzer E. 33–34	C	458	610	1380				
321–322	1871	Niederschlesisch-Märkische E. 334–335	C	458	628	1280				

Fabrik-Nr.	Jahr	Besteller Name – Bahnnummer	Bauart	Triebwerk (mm)			Kessel m²			Dienst-gew. t
				Zyl.-Ø	Hub	Treib-rad-Ø	atü	Rost	Heizfl.	
323–330	1871	Kgl. Saarbrücker E. 81–88	C	457	686	1297				
331–350	1872	Elsaß-Lothringen 105–124	C	471	610	1295				
351–354	1872	Berlin-Stettiner E. B 22 – B 25	1B	406	560	1676	8	1,5	69,9	32,1
355–357	1872	Halle-Casseler E. 34–36	1B	406	560	1524				
358–359	1872	Main-Weser-Bahn 79–80	1B	438	560	1857	12	1,5	102,2	39,4
360–364	1872	Kgl. Westfälische E. 122–126	C	470	640	1205				
365–372	1872	Oberschlesische E. 1a–8a	C	445	630	1410	10	1,4	112,8	39,4
373–376	1872	Berlin-Stettiner E. A 44, C 25–27	1B	406	560	1676	8	1,5	69,0	32,0
377–381	1872	Berlin-Stettiner E. A 208–212	B1t	418	628	1255				
382–386	1872	Oberschlesische E. 252–256	Ct	445	630	1410	9	1,4	98,5	40,0
387–388	1872	Main-Weser-Bahn 81–82	1B	438	560	1857	12	1,5	102,2	39,4
389–392	1872	Elsaß-Lothringen 176–179	Bt	406	610	1150	8	0,9	64,6	34,0
393–397	1872	Rechte Oderufer-Bahn 56–60	1B	432	575	1831				
398–400	1873	Main-Weser-Bahn 83–85	1B	438	560	1857	12	1,5	102,2	39,4
401–402	1873	Breslau-Freiburger E. 70–71	1B	418	523	1570				
403–407	1873	Oberschlesische E. 276–280	1B	420	610	1885				
408–413	1873	Kgl. Westfälische E. 153–158	1B	430	576	1750	8,5	1,4	93,3	34,0
414–418	1873	Kgl. Westfälische E. 127–131	C	470	640	1205				
419–424	1873	Rheinische E. 142–147	Ct	432	610	1290	8	1,5	83,3	42,5
425–428	1872	Oldenburgische Stb. 19–22	B	360	560	1520	10	0,95	80,8	22,5
429–432	1872	Oldenburgische Stb. 23–26	Bt	360	560	1520	10	0,95	80,8	
433–436	1872	Eutin-Lübecker E. 1–4	Bt	355	560	1514	10	1,0	80,5	22,5
437–438	1873	Kgl. Saarbrücker E. 98–99	C	457	686	1270				
439–440	1873	Berlin-Stettiner E. D 203–D 204	B1t	418	628	1270				
441–443	1873	Rhein-Nahe-Bahn »Metz« – »Gravelotte« – »Sedan«	C	457	686	1270				
444–449	1873	Berlin-Görlitzer E. 35–40	C	458	610	1380				
450–455	1873	Berlin-Görlitzer E. 45–50	1B	418	576	1750	8,5	1,5	106,6	37,5
456–461	1873	Berlin-Görlitzer E. 53–58	1A1	380	508	1690	9,5	1,3	89,1	30,3
462–463	1873	Bergisch-Märkische E. 52^{II}–257^{II}	1Bt	380	510	1064	8	1,1	70,6	36,0
464–471	1873	desgl. 540–547	1Bt	380	510	1064	8	1,1	70,6	36,0
472–478	1873	Oels-Gnesener E. 8–14	C	432	610	1370	9	1,5	108,0	37,5
479–481	1873	Stargard-Posener E. 13–15	C	445	629	1410				
482–492	1873	Niederschlesisch-Märkische E. 356–366	Ct	430	620	1290				
493–508	1873	desgl. 340–355	C	458	628	1280				
509–513	1873	Kgl. Saarbrücker E. 20^{II}–100–103	1B	410	560	1568				
514–523	1873	Rheinische E. 148–157	B1t	406	560	1560				
524–526	1874	Berlin-Stettiner E. C 201–C 203	B1t	418	628	1255				
527	1874	desgl. D 205	B1t	418	628	1255				
528–533	1874	desgl. A 221–226	B1t	418	628	1255				
534–538	1874	Oels-Gnesener E. 15–19	C	432	610	1370	9	1,5	108,0	37,5
539–543	1874	Halle-Sorau-Gubener E. 67–71	C	458	610	1380				
544–548	1874	Berlin-Görlitzer E. 41–44, 67	C	458	610	1380				
549–550	1874	Berlin-Görlitzer E. 59–60	1A1	380	508	1690	9,5	1,3	89,1	30,3
551–553	1874	Halle-Sorau-Gubener E. 34–36	1A1	380	508	1690	9,5	1,3	89,1	30,3
554–559	1874	Weimar-Geraer E. 1–6	C	458	686	1280				

Fabrik-Nr.	Jahr	Besteller Name – Bahnnummer	Bauart	Triebwerk (mm) Zyl.-Φ	Hub	Treib-rad-Φ	Kessel atü	m² Rost	Heizfl.	Dienst-gew. t
560–563	1874	Weimar-Geraer E. 7–10 (später 11–14)	1B	406	560	1550				
564–584	1874	Posen-Kreuzburger E. 1–21	B1	420	600	1410				
585–594	1875	Posen-Kreuzburger E. 40–49	1B	406	560	1670				
595–600	1875	Oels-Gnesener E. 31–36	1B	420	576	1768				
601–604	1874	Leipzig-Dresdener E. 3–6	Bt	355	530	1240	10	0,97	66,2	27,3
605–610	1874	Berlin-Görlitzer E. 61–66	B1t	418	560	1380	9,5	1,2	62,8	38,1
611–612	1874	Berlin-Görlitzer E. 51–52	1B	418	576	1750	8,5	1,5	106,6	37,5
613–616	1874	Berlin-Görlitzer E. 68–71	C	458	610	1380				
617–622	1874	Halle-Sorau-Gubener E. 72–77	C	458	610	1380				
623–652	1874	Kgl. Ostbahn 178–207	1B	420	576	1726	10	1,6	84,2	34,9
653–662	1874	Kgl. Ostbahn 736–745	Bt	340	575	1330	10	1,0	53,5	29,0
663–675	1874	Niederschlesisch-Märkische E. 556–568	C	458	628	1280				
676–685	1875	Niederschlesisch-Märkische E. 523–532, später KED Berlin 1481–1490	B1t	350	550	1290	10	1,1	73,8	40,3
686–689	1878	Frankfurt-Bebraer E. 85–88	1B	420	560	1750	10	1,7	91,8	37,6
690–693	1878	Niederschlesisch-Märkische E. 622–625	1B	420	560	1750	10	1,7	91,8	37,6
694	1878	Weimar-Geraer E. 11 (später 15)	1B	406	560	1550				
695–696	1878	Berliner Pferde-E. später 7–8	Bt	180	300	750				
697–700	1878	Kgl. Westfälische E. 197–200	1B	420	560	1750	10	1,7	91,8	36,6
701–703	1879	Hannoversche Stb. 657–659	1B	420	560	1750	10	1,7	91,8	36,6
704–711	1879	Kgl. Ostbahn 428–435	B	430	610	1370	10	1,5	93,3	26,6
712–727		nicht bekannt								
728–743	1882 1883	Budapest-Pécz 1–8, 9–16,	C	Bauart »Hall«						
744–746	1882	K.E.D. Hannover 1108–1110	C	450	630	1340	10	1,5	124,8	38,7
747–758	1882	K.E.D. Frankfurt 1253–1264	C	450	630	1340	10	1,5	124,8	38,7
759–768	1882	Ungarische Staatsbahn 2251–2260								
769–772	1882	K.E.D. Berlin 1737–1740	Ct	450	630	1330	12	1,5	93,3	42,0
773	1882	Stahlwerke Ungarn	1Bt							

SPEZIALITÄT: SCHMALSPUR- UND KLEINBAHNLOKOMOTIVEN

Während im Berliner Norden ein Wald von Fabrikschornsteinen in den Himmel wuchs und sich im Labyrinth unzähliger Hinterhöfe zwischen Alexanderplatz und Schlesischer Bahnhof eine vielfältige Kleinindustrie mikrobenartig ausbreitete, lag die Stadt südlich des Halleschen Tores noch in beschaulicher Ruhe. Im Sommer spiegelten sich die dichten Laubkronen der Straßenbäume entlang dem Landwehrkanal in dem träge dahinfließenden Wasser und über seine Uferstraßen rollte dann und wann ein Lastfuhrwerk gemächlich zu den Güterbahnhöfen der Anhaltischen, der Dresdener und der Potsdamer Eisenbahn, deren unzählige, vielfach ineinander verschlungene Gleise das Bild dieser Gegend bestimmten.

Und hier war es, wo sich eines Tages zwei Kaufleute zusammensetzten, um, wie man heute sagen würde, ›eine Bedarfslücke zu schließen.‹ Sie erkannten, daß trotz des sich rapide entwickelnden Eisenbahnwesens weite Gebiete abseits des Schienenstranges von der neuen Art und Weise, Menschen und Waren zu befördern, unberührt geblieben waren. Sie hatten es, insbesondere in den rings um den Dresdener und Anhalter Bahnhof aufstrebenden Wohn- und Geschäftsvierteln täglich vor Augen, wie vor allem im Tiefbau noch in primitivster Form mit Schubkarren gearbeitet wurde, denen man, um die Reibung des Karrenrades zu mindern, eiserne oder hölzerne Dielen unterlegte. Nicht viel anders waren die Gewohnheiten in der Landwirtschaft sowie in den meisten industriellen Betrieben. Nur bei den Eisenbahnbauten in und um Berlin bediente man sich, soweit dies nach dem Stand der Arbeit möglich war, für Erdbewegungen bereits normalspuriger Waggons und Lokomotiven.

So lagen die Verhältnisse, als im Jahre 1876 der in Posen geborene Benno Orenstein und sein Geschäftsfreund Arthur Koppel mit einem bescheidenen Betriebskapital eine offene Handelsgesellschaft gründeten, die sich die Herstellung und Einführung schmalspuriger Feld- und Industriebahnen zum Ziel setzte. Dabei kam ihnen der Umstand zu Hilfe, daß gerade in jener Zeit die Zukkerrübenindustrie in Deutschland einen ungeahnten Aufschwung nahm. Hierbei mußten die Rüben oft über große Entfernungen von den Feldern zu den Zuckerfabriken angefahren werden. Die bisherigen Transportmittel versagten; es fehlte an gut befahrenen Straßen, und auf den schlechten Landwegen sanken in der saisonbedingten feuchten Jahreszeit der Rübenkampagne die Pferdefuhrwerke oft bis zur Achse in den Boden ein. Zum ersten Mal bewährte sich hier das System der Feldbahn in großem Maßstabe. Andere Wirtschaftszweige wurden auf dieses System aufmerksam und bedienten sich der leichten Transportgleise und Wagen auf Fabrikhöfen sowie innerhalb der Werkstätten, die aber auch für Laderampen, Hochofenwerke, Schlackenhalden, Grubenstollen, Ziegeleien u.a.m. vielfältige Verwendung fanden. Selbst der deutsche Generalstab, der den erstmalig im russischen Feldzug in Turkestan angewandten Nachschub vermittels Feldbahnen aufmerksam verfolgt hatte, baute in der Folgezeit diese neue Art des militärischen Nachschubes in seine strategischen Pläne mit ein.

Man sollte nun meinen, daß angesichts so vieler geschäftlicher Möglichkeiten die junge Firma auf äußerste Konzentration ihrer Maßnahmen zum weiteren Ausbau ihrer Beziehungen bedacht sein würde, um sich auf diesem Gebiet eine führende

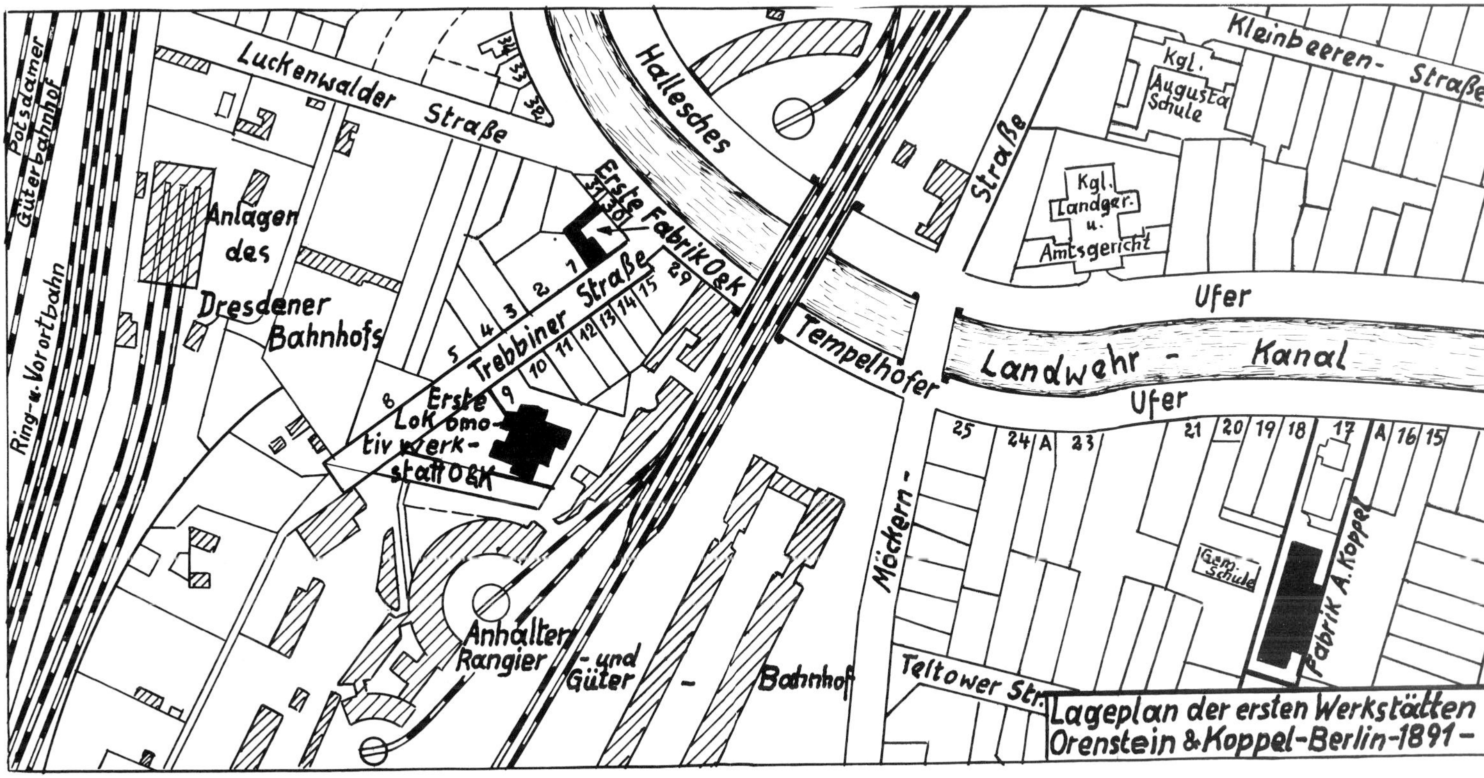

Abb. 59 Lageplan der ersten Werkstätten Orenstein & Koppel im Jahre 1891.

Stellung zu sichern. Das war jedoch nicht der Fall. Die Entwicklung ließ vielmehr eine divergierende Tendenz erkennen. Im Jahre 1885 trennte sich Arthur Koppel von seinem bisherigen Partner und eröffnete in der Dorotheenstraße 32 ein eigenes Exportgeschäft für Feldbahnen. Beide Firmeninhaber waren dahingehend übereingekommen, daß Arthur Koppel die Erzeugnisse aus ihrem gemeinsamen Unternehmen im Ausland vertreiben sollte, während das Inlandsgeschäft bei Benno Orenstein verblieb, der nun seinerseits als Geschäftspartner seinen Bruder, den Ingenieur Max Orenstein, sowie die Kaufleute Julius Freudenstein und Oskar Kaiser, letzterer in Dortmund, in die verbliebene Firma aufnahm.

Doch sowohl die Orensteins und ihre Partner als auch Arthur Koppel sahen sich angesichts der Steigerung ihrer Umsätze sehr bald vor die Notwendigkeit gestellt, eine eigene Produktion aufzuziehen, um ihre Lieferungen qualitativ wie quantitativ steigern zu können. So entstanden die ersten Werkstätten auf den Grundstücken Tempelhofer Ufer 30 bzw. Tempelhofer Ufer 17 (Abb. 59). Letzteres Grundstück gehörte der »Norddeutschen Gummi- und Guttaperchafabrik« und wurde von Arthur Koppel nur gepachtet, um dort eine eigene Fabrik einzurichten, der später weitere Werkstätten in Bochum und Wolgast (Pommern) folgen sollten. Ab 1896 befaßte er sich bereits mit der Verlegung elektrisch betriebener Feldbahnen, mit deren System er auf der Berliner Gewerbeausstellung 1896 vor die Öffentlichkeit trat.

Benno Orenstein und die Seinen arbeiteten inzwischen auf dem Grundstück Tempelhofer Ufer 30 an der Vervollkommnung ihrer Erzeugnisse.

Dabei kamen sie sehr bald zur Überzeugung, daß auch sie nach dem Vorbild des allgemeinen Eisenbahnwesens ihre Wagen mit Lokomotiven befördern mußten. So richtete sich also Max Orenstein zunächst auf dem Grundstück Trebbiner Straße 9 eine behelfsmäßige Lokomotivwerkstatt ein, die bis 1891 im Berliner Adreßbuch als solche geführt wurde (Abb. 59). Spätestens zu diesem Zeitpunkt jedoch hatten die Orensteins bereits erkannt, daß sie zu eng disponiert hatten. Es war notwendig, außerhalb des Stadtgebietes größere Produktionsflächen zu suchen, um dort Werkstätten und Lagerplätze anzulegen.

Nun hatte im Jahre 1874 die Berlin-Potsdam-Magdeburger Eisenbahn durch eine Zweigstrecke vom Bahnhof Zehlendorf aus, entlang den Havelseen bis zum Bahnhof Wannsee, billiges Bauland erschlossen, das sich vom Grunewald bis in den Machnower Forst an der Berlin-Potsdamer Chaussee erstreckte. Max Orenstein erwarb hier am neu erstandenen Bahnhof Schlachtensee der Wannseebahn, wie diese Zweigstrecke genannt wurde, ein Waldgrundstück, das von der zwischen dem Schlachtensee und der Potsdamer Chaussee angelegten Victoriastraße und der Waldemarstraße begrenzt wurde. Auf diesem Grundstück befand sich in der Einsamkeit dieser Landschaft ein zweistöckiges Wohnhaus, das heute noch steht. Hier richtete der zukünftige Fabrikbesitzer im Jahre 1889 ein kaufmännisches sowie ein technisches Büro für seine neue Lokomotivfabrik ein, für die er im gleichen Jahr einen ersten Bauantrag stellte. Im Februar 1890 folgte ein Antrag auf Bau einer Schmiede und zwei Monate später auf Errichtung eines Schuppens zur Aufbewahrung einer schmalspurigen Lokomotive. Eine anfangs konzessionierte Dampfanlage versuchte der Amtsvorsteher von Zehlendorf umzuwandeln in eine Wolffsche Lokomobile von 12 bis 20 PS.

Das Jahr 1890 kann als Gründungsjahr der nunmehrigen »MÄRKISCHEN LOKOMOTIVFABRIK« angesehen werden. Hinter dem bereits erwähnten Bürohaus lagen die Fabrikationswerkstätten, deren Anordnung Abb. 60 wiedergibt. Wir verdanken eine genaue Schilderung derselben dem leider kurz danach verstorbenen letzten Arbeiter aus jener Zeit, Karl Lehrmann, der hier als Lehrling eingetreten war. Danach befanden sich im östlichen Flügel der Montagehalle sowohl zu ebener Erde als auch auf der Galerie die Werkzeugmaschinen für die mechanische Bearbeitung der Werkstücke. Ihren Antrieb erhielten sie über Riemenscheiben und Transmissionswellen von einer Dampfmaschine, die zusammen mit einem liegenden Dampfkessel im Maschinenhaus am südlichen Ausgang der Montagehalle die Kraftzentrale darstellte und vom Heizer und Maschinisten Lück bedient wurde. Aus Abb. 60 ist die Verteilung der Arbeitsplätze ersichtlich, die bereits einen gewissen technologischen Arbeitsfluß erkennen läßt. Sowohl die Lokomotivkessel als auch die Zylindergußstücke kamen von Zulieferfirmen, desgl. die fertig geschmiedeten Treibstangen. Da es zum Richten der Rahmenplatten noch keine Werkzeugmaschinen gab, wurden die Platten mit Vorschlaghämmern gerichtet, was weithin durch den umgebenden Wald dröhnte.

Max Orenstein ging bei der Konstruktion seiner leichten Feldbahnlokomotiven eigene Wege. Im Gegensatz zu den großen Lokomotivfabriken, die, wenn sie derartige leichte Einheiten ausführen mußten, die Konstruktionsprinzipien für Vollbahnlokomotiven zugrunde legten, stellte sich Orenstein auf die primitiven Verhältnisse ein, unter denen seine Maschinen verwendet und gewartet wurden. Daher sah das Fabrikationsprogramm in erster Linie stabile, einfache und idiotensichere Feldbahnlokomotiven vor, die auf holprigen Gleisen in mangelhaft verlegten Kurven anstandslos fahren mußten (Abb. 61). An ihrer technischen

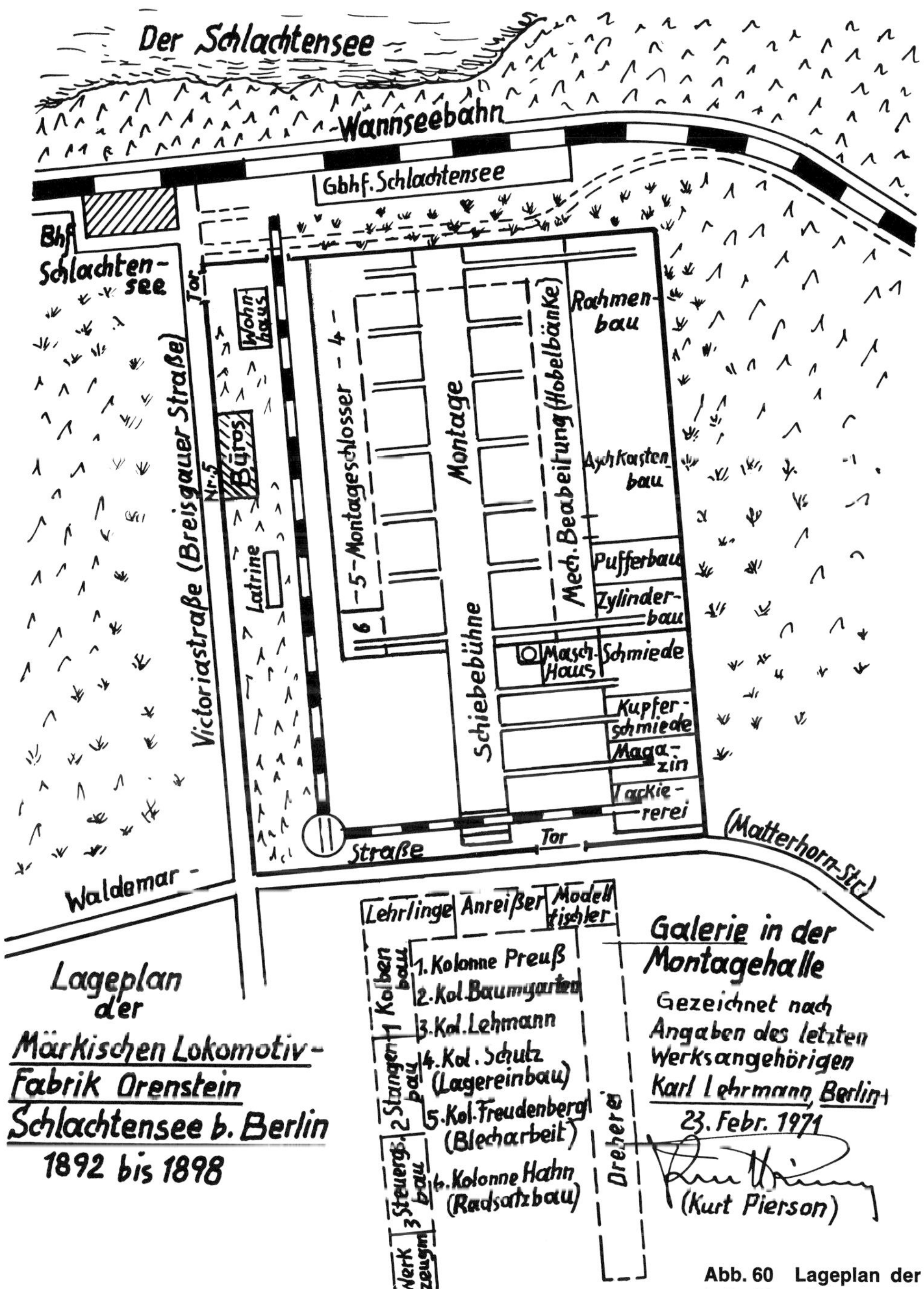

Abb. 60 Lageplan der „Märkischen Lokomotivfabrik, Max Orenstein" in Schlachtensee bei Berlin.

SCHMALSPUR-LOKOMOTIVE MIT STEVENSON-STEUERUNG.

Bauart für Lokomotiven von 10, 20, 30 und 40 Pferdestärken.

Abb. 61 Feldbahnlokomotive aus der Werbeschrift der „Märkischen Lokomotivfabrik" 1892.

Die Maschinen erhalten auf Verlangen statt der Spindelbremse eine kräftig wirkende Wurfbremse, ferner Sandkasten und Dampfdom. Für den Gebrauch auf Feldbahnen werden die Lokomotiven auch mit Einbuffer-System versehen.

Entwicklung arbeitete in Schlachtensee ein junger Ingenieur Luttermöller, der später als Chefkonstrukteur bei Orenstein & Koppel durch seine Gelenkachsen für kurvenbewegliche Lokomotiven in der Fachwelt bekannt wurde. Lehrmann berichtete von ihm, daß er oft in die Werkstatt kam und sich irgendwohin setzte, unbeschadet dessen, ob es ein Ölfleck war, auf dem er sich niederließ, um irgend ein Maschinenteil grüblerisch zu betrachten.

Max Orenstein hatte für seine Fabrik ein reichhaltiges Programm aufgestellt und dieses in einer Werbeschrift veröffentlicht, die er im Jahre 1892 als kleines Buch erscheinen ließ, um die Kunden von Orenstein & Koppel mit den Vorzügen des Feldbahnsystems, seines vielschichtigen Nutzens und — last not least — mit den Erzeugnissen der Firma vertraut zu machen. Bild 62 zeigt die Umschlagseite dieser Broschüre mit der Schutzmarke der Fabrik, deren Lokomotiven vorwiegend im Leistungsbereich zwischen 20 und 80 PS lagen. Die in der Werbeschrift dargestellte Kranlokomotive (Abb. 63) wie auch die vierachsige Malletmaschine (Abb. 64) wurden noch nicht in Schlachtensee gebaut sondern erst später verwirklicht.

Es existiert ein aus 64 Bänden bestehendes, im Verkehrsmuseum in Dresden aufbewahrtes Zeichnungsverzeichnis von O&K, in dem für jede, auch die kleinste Lokomotive, eine Doppelseite vorgesehen war. Die Seiten 1 bis 4 sind frei geblieben, sodaß daraus geschlossen werden kann, daß die erste Maschine aus der »Märkischen Lokomotivfabrik« eine zweiachsige Tenderlokomo-

Julius Messing
Hannover

Leichte

Lokomotiven

Märkische Lokomotiv-Fabrik
Schlachtensee und Berlin.

Schutz-Marke.

AUSGABE 1892.

Preis 1,50 Mk.

Berlin
Druck von Hans Mamroth, W. Wilhelmstr. 48.

Zu beziehen im Buchhandel durch die

Abb. 62 Umschlagseite der Werbeschrift „Märkische Lokomotivfabrik" 1892.

tive, 80 PS, mit einer Spurweite von 900 mm war, die unter Fabriknummer 5 am 2. November 1892 an einen ungenannten Besteller geliefert wurde. Das Verzeichnis weist für die Jahre 1892 bis 1898 etwa 370 Lokomotiven auf, wobei als höchste Maschinenleistung (150 PS) eine C-n2-normalspurige Tenderlokomotive unter Fabriknummer 144 erscheint, die für die Helsinge-Kagerup-Jernbaner (Dänemark) im Jahre 1896 geliefert wurde. Ein Jahr zuvor gingen die Fabriknummern 140 bis 142, drei Stück 1B-n2-normalspurige Tenderlokomotiven an die Veile-Vandel Jernbaner nach Dänemark, die 120 PS entwickelten und von denen eine in Abb. 65 dargestellt ist. Bei ihrem Anblick erscheinen die Treibräder größer als sie in Wirklichkeit waren (1150 mm); die Höchstgeschwindigkeit betrug 45 km/h. Die Maschine wurde 1933 verschrottet.

Man sieht, die kleine Fabrik am Schlachtensee wies bei einer Belegschaft von sechzig bis siebzig Arbeiter und Angestellten sowie zehn Lehrlingen in der Zeit ihres Bestehens eine recht beachtliche Produktion auf. Dabei war der Abtransport jeder Lokomotive jedesmal ein Ereignis. Abgesehen von den wenigen normalspurigen Maschinen, die auf eigenen Achsen den Weg zum Kunden antraten, wurden die Schmalspurlokomotiven von der Lackiererei aus mit vereinten Kräften gezogen und geschoben und auf einen Güterwagen gehievt, was Schweiß und Bier kostete.

Abb. 63 Kranlokomotive aus der Werbeschrift der „Märkischen Lokomotivfabrik" 1892.

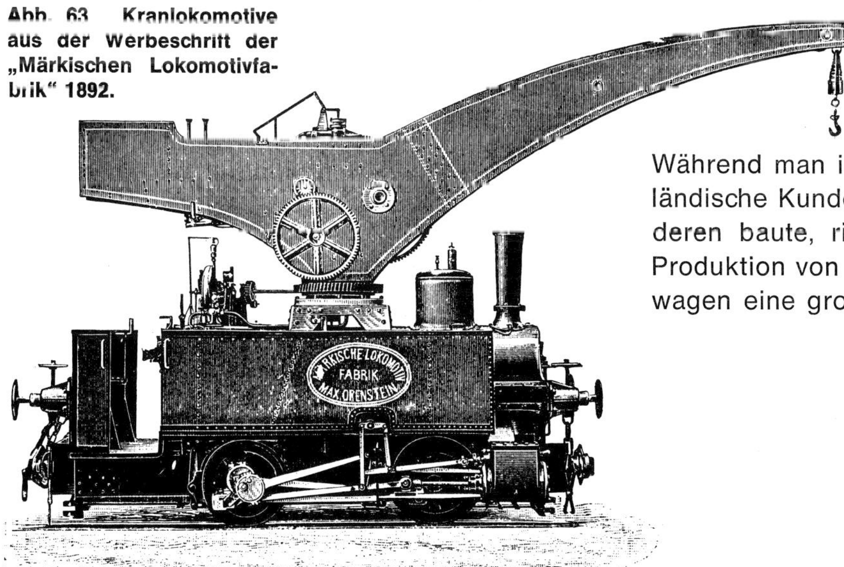

Während man in Schlachtensee für in- und ausländische Kunden eine Lokomotive nach der anderen baute, richtete Benno Orenstein für die Produktion von Gleisen, Weichen und Feldbahnwagen eine große Fabrikanlage mit ausgedehn-

Abb. 64 B+B-n4v-Mallet-lokomotive aus der Werbeschrift der „Märkischen Lokomotivfabrik" 1892.

Abb. 65 1B-n2-Tenderlokomotive der Veile-Vandel-Jernbaner. Gebaut 1895. Fabr.-Nr. Max Orenstein 142. (Archiv Pierson)

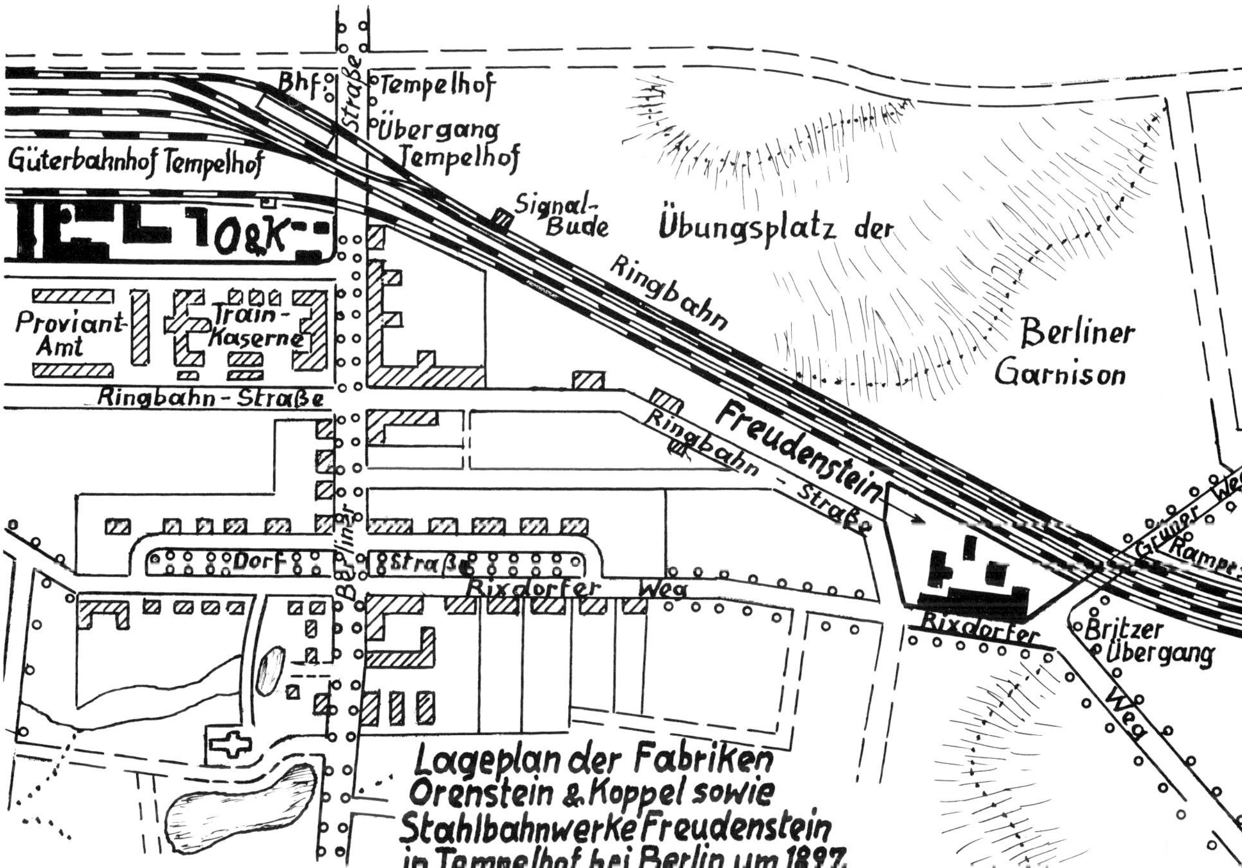

Abb. 66 Lageplan der Fabriken Orenstein & Koppel und der Stahlbahnwerke Freudenstein in Tempelhof bei Berlin.

ten Lagerplätzen auf einem vom Militärfiskus gepachteten, in Tempelhof bei Berlin befindlichen Gelände ein (Abb. 66), nachdem der bisherige Partner, Julius Freudenstein, aus der Firma ausgeschieden war, um sich selbständig zu machen. Zunächst vermochten die Orensteins mit den vorhandenen Werkskapazitäten noch den Bedarf ihrer Kunden zu decken. Doch bereits um die Mitte der neunziger Jahre gingen sie einen Schritt weiter und gründeten am 18. Dezember 1897 die »Aktiengesellschaft für Feld- und Kleinbahnbedarf (vorm. Orenstein & Koppel)«. Diese Gesellschaft erwarb 1898 die »Märkische Lokomotivfabrik« und darüber hinaus ein von Max Orenstein in der Nähe von Potsdam erworbenes großes Terrain am Bahnhof Drewitz der Berlin-Wetzlarer Eisenbahn. Hierher sollte die Produktion aus Schlachtensee verlegt werden, nachdem einmal die dortigen Werkstätten sich auf die Dauer als unzureichend erwiesen hatten und zum andern der Ort, selbst inzwischen zu einem Villenvorort geworden war.

Weihnachten 1898 versammelte der Fabrikherr noch einmal die Belegschaft zu einer Werksfeier im Saal des Lokals »Neue Fischerhütte« am Schlachtensee und am 31. Dezember 1898 schloß die »Märkische Lokomotivfabrik« nach einem kurzen und doch für die Firma so bedeutungsvollen

Abb. 67 Stahlbahnwerke Freudenstein in Tempelhof bei Berlin um 1900. Im Vordergrund der Rixdorfer Weg. (Archiv Pierson)

Abschnitt die Tore. Als letzte blieben der damalige Meister Schneider und die Lehrlinge Karl Lehrmann und Karl Gruhl zurück, um auf dem verödeten und schneeverwehten Fabrikgrundstück aufzuräumen. Anfang Februar 1900 begann eine Abrißfirma mit dem Abbruch der Fabrikgebäude. Nur das Wohnhaus, heute Breisgauerstraße 5, blieb davon verschont wie auch das einstige Meisterhaus unweit des heutigen Kohlenplatzes der »Hedwigshütte« noch erkennbar ist.

Am gleichen Tag, da die »Märkische Lokomotivfabrik« ihre Pforten schloß, wandelte der frühere Partner der Brüder Orenstein seine im Jahre 1891 gegründete Firma »Stahlbahnwerke Freudenstein & Co, Fabrik für Eisenbahnbau-Materialien, Feld- und Industriebahnen« in eine Aktiengesellschaft um. Zu ihren Gründern gehörten sein Schwager Georg Meyer, ferner der Geh. Regierungsrat, Eisenbahndirektor a. D. Schwabe sowie Dr. ing. Paul Nordmann von der Grube »Ilse«.

Julius Freudenstein hatte sein Unternehmen ursprünglich als reines Handelsunternehmen mit Sitz in Berlin. Unter den Linden 47, ins Leben gerufen, doch als die Orensteins in Schlachtensee und Tempelhof ihre Fabrikationsstätten eröffneten, fand auch er es an der Zeit, eine eigene Fabrikation aufzuziehen. So erwarb er im Jahre 1895 in nächster Nähe seines früheren Geschäftspartners »zwischen der Ringbahn und dem Weg nach Rixdorf« brachliegendes Ackerland und alte Lagerplätze (Abb. 66), auf denen er zunächst eine Werkhalle von 40×20 m errichtete. Hier produzierte er Feldbahnmaterial aller Art und trieb Vorratswirtschaft, doch jedes Jahr kamen neue Grundstücke entlang der späteren Germaniastraße hinzu, auf denen sich Werkstätten und Lagerschuppen erhoben (Abb. 67).

Nach dem Vorbild der Firma »Aktiengesellschaft für Feld- und Kleinbahnbedarf (vorm. Orenstein & Koppel)« hatte auch Freudenstein den Zweck seiner Aktiengesellschaft in folgender Zielsetzung zum Ausdruck gebracht:

Fabrikation und Ankauf von Materialien, Werkzeugen und Maschinen zum Bau und zur Ausrüstung von Eisenbahnen, insbesondere von Feld-, Industrie- und Kleinbahnen sowie zu Brücken und Wasserbauten aller Art, ferner Verkauf und sonstige Verwertung, namentlich Vermietung der zu vorgedachten Zwecken erforderlichen und geeigneten Artikel, endlich Übernahme des Baues von Feld-, Industrie- und Kleinbahnen sowie normalspurigen Anschlußgleisen.

Ein Jahr später entstand auf dem Gelände an der späteren Germaniastraße in Tempelhof eine moderne, mit den neuesten Werkzeugmaschinen, einer Kesselschmiede sowie elektrischer Licht- und Kraftanlage ausgerüstete Fabrik zur Herstellung von Lokomotiven, Güter- und Personenwagen für Klein- und Nebenbahnen. Auch die in Dortmund von der »Stahlbahnwerke AG« eingerichteten Werksanlagen wurden auf den neuesten Stand gebracht. Um die Jahrhundertwende verfügte das Unternehmen über Zweigniederlassungen in Breslau, Cöln, Hamburg und München; es unterhielt, ebenso wie Orenstein & Koppel, Filialen in London, St. Petersburg, Stockholm, Kopenhagen, Mailand, Mexico, Samarang, Soerabaya und Johannisburg.

Dennoch entsprach der geschäftliche Erfolg zu jener Zeit nicht den Erwartungen. Die Werkstätten waren angesichts der Preisentwicklung kaum ausgelastet. Trotzdem war nun neben der »Märkischen Lokomotivfabrik« im südlichen Raum der Stadt eine weitere Lokomotivfabrik entstanden, 'die freilich weithin unbekannt geblieben ist, obwohl sie ein Jahrzehnt hindurch beachtliche Leistungen aufgewiesen hat (Abb. 68). Selbst die preußischen Staatseisenbahnen entschlossen sich, der »Stahlbahnwerke Freudenstein & Co AG« in Berlin W einige Probeaufträge über dreiachsige Rangier-Tenderlokomotiven der Bauart T 3 zu erteilen.

Wenn auch eine lückenlose Übersicht der von

Abb. 68 B-n2-Tenderlokomotive der Stadtwerke Bingen. Gebaut 1900. Fabr.-Nr. Stahlbahnwerke 36. (Foto: Moll)

Freudenstein gebauten Lokomotiven kaum vorhanden sein dürfte, so soll doch wenigstens nachstehende Tabelle dem interessierten Leser einen kleinen Einblick in die Leistungsfähigkeit dieser Fabrik geben. Die »Stahlbahnwerke« haben zu keiner Zeit eine ernsthafte Konkurrenz für Orenstein bedeutet, im Gegenteil, sie standen mit dieser Firma in ständiger geschäftlicher Beziehung.

Tabelle 2

Fabr.-Nr.	Baujahr	Spur mm	Bauart	Bahnverwaltung
1–6	1898	750	C-n2 t	Westpreuß. Kleinbahn
28–29	1900	750	C-n2 t	Westpreuß. Kleinbahn
36	1900	1435	B-n2 t	Stadtwerke Bingen 1
52	1901?	760	B-n2 t	Gyalavidcki h.e.v. später MAV 299.001
60	1901	1000	B-n2 t	Cementos Rezola SA Anorga 2 (Spanien)
67–69	1901	1000	C-n2 t	Sylter Inselbahn 1–3
74	1900			Paszto-Matvaszölles
78	1901	750	C-n2 t	Westpreuß. Kleinbahn
87–90	1902	1435	C-n2 t	Prenzlauer Kreisb. 1–4
114	1902	1435	C-n2 t	Riesengebirgsbahn »Arnsdorf«
138	1903	1000	B-n2 t	Alicante-Denia (Spanien)
147–149	1903	1435	C-n2 t	KED Hannover Nr. 6141/43
151	1903	785	B-n2 t	Fa. Krupp-Rheinhausen 11
163	1903	750	B-n2 t	Wright, Thomson & Kiev (Dänemark)
179	1904	1435	C-n2 t	KED Bromberg Nr. 6152
180–182	1905	1435	C-n2 t	KED Bromberg Nr. 6153–6155
183–184	1904	1435	C-n2 t	KED Hannover Nr. 6200–6201
187–188	1904	1435	B-n2 (feuerlos)	Gaswerk Berlin-Tegel (später Mariendorf)
194	1904	1000	B-n2 t	Oldenburg. Stb. 3 Ab 1910 Wangerooge
213–215	1905		C-n2 t	Memeler Kleinbahn
222–223	1905	1435	C-n2 t	KED Danzig Nr. 6301/02
224–225	1905	1435	C-n2 t	KED Halle Nr. 6206/07
237–238	1905	1000	1C-n2 t	Kreis Altenaer Eb Nr. 12 »Gustav« Nr. 3 »Friedrich«

Recht interessant war das Verhältnis der Firma Freudenstein zur »Märkischen Lokomotivfabrik« in den Jahren 1894 bis 1898. Wir erinnern uns, daß im Geschäftsprogramm der »Stahlbahnwerke AG« auch der Ankauf von Eisenbahnmaterial jeder Art und dessen Weiterverkauf enthalten war. Bevor nun Freudenstein seine eigene Fabrikation aufnahm, mußte er das rollende Material für seine Feldbahnen von dritter Seite her beschaffen. Aus nachstehender Übersicht geht hervor, welche Lokomotiven die »Märkische Lokomotivfabrik« an ihn lieferte:

Tabelle 3

Lieferungen an B-n2-t für 600-mm-Spur

Baujahr	Fabrik-Nr.	Weiterverkauft an
1894	66	
1895	129	
1896	170	Lange, Stettin
1897	246	
1898	262	Hörlitz Weinberge
1898	280	Pyritz
1898	287	
1898	331	Marienwerder

Das Jahr 1905 war für Freudenstein von einschneidender Bedeutung. Seine Aktiengesellschaft tat sich mit dem Unternehmen Orenstein & Koppel sowie Arthur Koppel zu einer Interessengemeinschaft zusammen, wobei die Aktien der »Stahlbahnwerke AG« von O & K im Verhältnis 5 : 3 übernommen wurden. Trotz dieser Transaktion konnte die Lokomotivfabrik in Tempelhof nicht länger aufrecht erhalten bleiben und ging noch im gleichen Jahr zusammen mit den übrigen Freudensteinschen Unternehmen in den Besitz von Orenstein & Koppel über. Die »Stahlbahnwerke in Liquidation« existierten noch zwei Jahre lang im neuen Verwaltungsgebäude von O & K

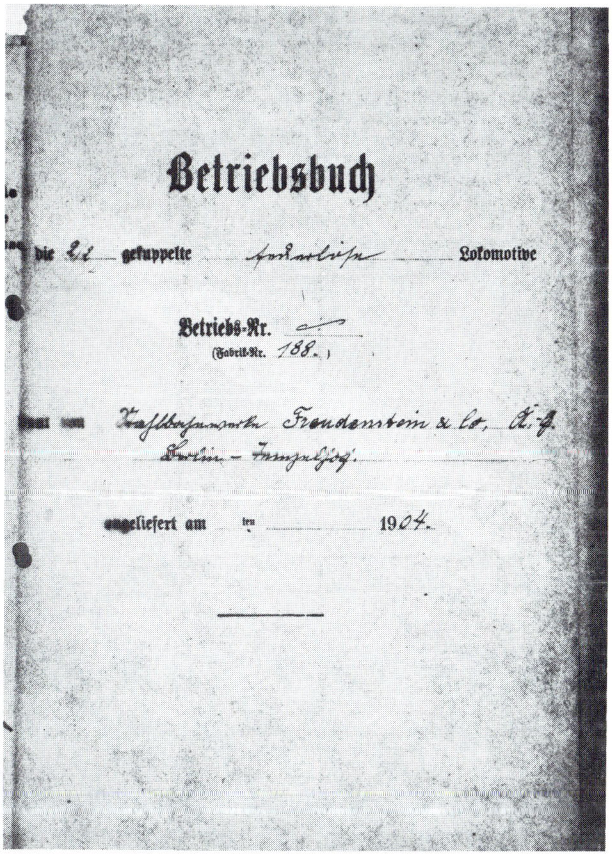

Betriebsbuch

die 2/2 gekuppelte ... Lokomotive

Betriebs-Nr.

(Fabrik-Nr. 188.)

angeliefert am ... 1904.

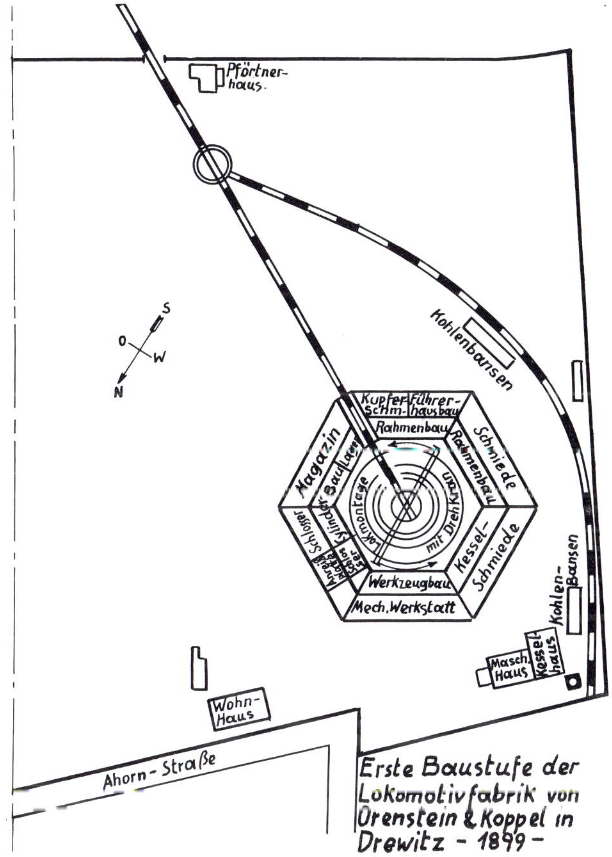

Abb. 69 „Der Circus" der O & K-Lokomotivfabrik Drewitz im Jahre 1099.

am Tempelhofer Ufer 24. Während dieser Zeit wurde die Lokomotivfabrik Freudenstein, die sich um die Jahrhundertwende über die Grundstücke Germaniastraße 141 bis 149 erstreckte, abgebrochen, das Gelände aufgeteilt und verkauft.

Nach diesem Zwischenspiel wenden wir uns der nunmehr einzigen Lokomotivfabrik im Süden Berlins zu. Das Werksgelände auf dem sog. Neuendorfer Terrain war von vornherein so großräumig gewählt, daß sich hier eine Lokomotivfabrikation auf Jahrzehnte hinaus dem wachsenden Bedarf anpassen konnte. Das Kernstück des neuen Werkes wurde ein ebenso eigenwillig wie genial entwickeltes Gebäude, das in Form eines runden Kuppelbaues entstand und von zwei Reihen Shedbauten in Sechseckform umschlossen wurde. Im Kuppelbau selbst war die Montage untergebracht, die von einem um seinen Mittelpunkt drehbaren Brückenkran bedient wurde, der sich auf einer kreisförmigen Schiene bewegte (Abb. 69). Rings um die Montage waren die einzelnen Werkstätten wie Kessel- und Hammerschmiede,

die mechanischen Bearbeitungswerkstätten sowie die Lagerzulieferungen untergebracht. Generationen von Werksangehörigen ist dieser Kuppelbau bis in die jüngste Vergangenheit unter seinem Namen »Der Circus« unvergeßlich geblieben.
Schon im ersten Jahr seines Bestehens gingen über hundert Schmalspurlokomotiven aus ihm hervor; ein Jahr später hatte sich die Produktion bereits verdoppelt. Aus der unübersehbaren Reihe von Feldbahn- und Baulokomotiven, die von hier aus bis in die äußersten Winkel der Welt geliefert wurden, seien ein paar Beispiele angeführt, die wert sind, festgehalten zu werden. Wohl das interessanteste Stück ist eine im Jahre 1904 unter Fabriknummer 1411 gebaute zweiachsige Feldbahnlokomotive, 600-mm-Spur, für die Northern Coal Co, Hihurangi, die von der New Zealand Cement Co Ltd in Limestone, Island, im Jahre 1913 übernommen wurde. Von dort ging sie an die Wilsons Portland Cement Co, Portland. Nach Umbau auf Kapspur kam sie 1957 zur Old Time Transport Preservation League, Matakohe und befindet sich seit 1962 im Museum of Transport & Technologie, Auckland (Abb. 70). Auf der erklärenden Tafel an der Rauchkammer ist deutlich der Name »Orenstein & Koppel« zu lesen. Es ist beschämend, daß auf einer fernen Insel im Stillen Ozean das Andenken an eine Berliner Lokomotivfabrik durch dieses Exponat so interessiert wach gehalten wird, während die Heimat dieser Maschine selbst für ihre große Vergangenheit im Lokomotivbau keinen Sinn aufzubringen vermag.
Eine zweite Maschine, gleichfalls aus dem Jahre 1904, und, wie die vorerwähnte Lok, ebenfalls im »Circus« gebaut, ist eine zweiachsige Tenderlokomotive, 600-mm-Spur, mit der Fabriknummer 1361 (Abb. 71). Sie hatte wie unzählige ihrer Schwestern, ebenfalls einen verschlungenen Lebensweg hinter sich. Sie wurde am 16. 6. 1904 an die Baufirma Philip Holzmann in Senden/Bayern geliefert; von 1919 an befand sie sich im Besitz der Kgl. Schwedischen Wasserkraftbehörde in Porjus und Harspranget in Lappland als Betriebsnummer 13. Von hier stammt ihr Name LAPPEN. 1937 kam sie zur Avesta Stahlwerke AG in Dalarna, Schweden, wo insgesamt fünf Maschinen dieser Art in Betrieb waren. Außer der »LAPPEN«, Betr.-Nr. 4, befanden sich noch die dreiachsige O & K-Lokomotive Nr. 3 aus dem Jahre 1923 mit der Fabriknummer 10548 und die Betriebsnummer 7, eine zweiachsige O & K-Lokomotive aus dem Jahre 1907 mit der Fabriknummer 2456 im dortigen Maschinenpark.
Die »LAPPEN« war von 1962 bis 1965 in Avesta abgestellt und gelangte schließlich für 400 schwedische Kronen in den Besitz eines Ingenieurs Ohlson, der mit ihr auf der 70 km östlich von Stockholm gelegenen Insel Möja eine »Vergnügungsbahn« betreibt. Der Kessel ist bis jetzt völlig fehlerfrei geblieben.
Max Orenstein blieb auch in der neuen Fabrik seinen bewährten Konstruktionsprinzipien treu und begann mit einer minutiös durchdachten Normalisierung der einzelnen Baugruppen, die er, nachdem er sich durch die weltweite Verkaufsorganisation seines Bruders über die Wünsche der Kunden orientiert hatte, bis zur Leistungsgröße von etwa 200 PS durchführte. Damit ermöglichte er einen ausgezeichneten Kundendienst unter Beachtung größtmöglichster Austauschbarkeit der Einzelteile. Auf diese Weise konnte die Fabrik kurz nach der Jahrhundertwende mit 500 Arbeitern bereits zur Massenherstellung schreiten und billiger produzieren.
Zu jener Zeit erhielt die Firma Orenstein & Koppel erstmalig einen Auftrag der Königl. Preußischen Staatsbahnen auf drei Stück C-n2-Tenderlokomotiven der von dieser Verwaltung geschaffenen und später in Deutschland unzählige Male

Abb. 70 B-n2-Feldbahnlokomotive, 600-mm-Spur, der Northern Coal Co., Hihurangi. Gebaut 1904. Fabr.-Nr. O & K 1411. (Foto: Ohlson)

Abb. 71 B-n2-Feldbahnlokomotive, 600-mm-Spur. Gebaut 1904. Fabr.-Nr. O & K 1361; jetzt Möja-Inselbahn, Schweden. (Foto: Ohlson)

Abb. 72 C-n2-Feldbahnlokomotive, 600-mm-Spur, mit Tarnanstrich für Heereszwecke. Gebaut von O & K um 1912. (Archiv Pierson)

nachgebauten Lokomotivgattung T 3. Mit diesem Auftrag wurde ein neues Kapitel in der Drewitzer Fabrik aufgeschlagen: Der Großlokomotivbau. Von nun an gehörten Orenstein & Koppel zu den ständigen Lieferanten der größten europäischen Eisenbahnverwaltung.

Noch aber überwog der Bau von Schmalspurlokomotiven als das wirklich große Geschäft der Firma. Abb. 72 zeigt beispielsweise eine C-n2-Feldbahnlokomotive mit der für viele, insbesondere nach Übersee gelieferte, O & K-Kleinlokomotiven typischen Hackworth-Klug-Steuerung, die wir später auch bei Kolonialbahnen antreffen werden. Der Tarnanstrich der abgebildeten Feldbahnlokomotive läßt auf eine Verwendung für Heereszwecke schließen.

Auch die Preußischen Staatsbahnen verfügten über Schmalspurnetze in Oberschlesien und in Thüringen. Das oberschlesische Netz wies infolge ungünstiger topographischer Verhältnisse der Strecken um Beuthen und Kattowitz eine Spur von 785 mm bei Minimalradien von 35 m und Maximalneigungen von 40‰ auf. Darüberhinaus verlangte das eingeengte Lichtraumprofil schmalgebaute Lokomotiven. Hierfür lieferte u. a. O & K in den Jahren 1904, 1906 und 1912 insgesamt 7 Stück D-n2-Tenderlokomotiven unter Fabrik-Nr. 1430, 1433, 2146, 2148/49, 5067/68, deren Endachsen als Klien-Lindner-Hohlachsen, Drewitzer Konstruktion, ausgebildet waren. Die Maschinen wurden als Gattung T 37 bei der KED Kattowitz geführt (Abb. 73) und 1939 von der RBD Oppeln ausgemustert.

Die im Laufe der Jahre steigenden Anforderungen an das oberschlesische Schmalspurnetz veranlaßten die KPEV, bei Orenstein & Koppel eine stärkere Heißdampfvariante in Auftrag zu geben, die zwischen 1914 und 1919 gebaut wurde und als Gattung T 38 mit insgesamt 27 Einheiten bei der KED Kattowitz Verwendung fand. Die Rücksichtnahme auf das vorhandene Profil führte zu einer Reihe besonderer Baumaßnahmen, von denen die sehr hoch gelagerten Zylinder mit ihrer dadurch bedingten starken Neigung sowie die Ausführung der Treib- und Kuppelstangen am augenfälligsten waren (Abb. 74).

Zur Bewältigung besonders großer Lasten reichten die vierachsigen Bauarten auf die Dauer nicht aus. Die Preußische Staatsbahnverwaltung beauftragte daher die Firma Orenstein & Koppel mit der Entwicklung und dem Bau von fünfachsigen Heißdampf-Tenderlokomotiven. Von ihnen gingen in den Jahren 1919 bzw. 1920 insgesamt sieben Einheiten unter Fabriknummer 8734/35 und 8836/40 als Gattung T 39 an die Direktion Kattowitz, wo sie die Betr.-Nr. 251 bis 257 erhielten. Abb. 75 zeigt eine dieser Maschinen mit einer irreführenden Betriebsnummer und läßt erkennen, daß die beiden Endachsen nicht über Stangen sondern vermittels Zahnradübersetzung, Bauart Luttermöller, von der zweiten bzw. vierten Achse angetrieben wurden.

Ebenfalls als E-h2-Schmalspur-Tenderlokomo-

Abb. 73 D-n2-Tenderlokomotive, 785-mm-Spur, für die KED Kattowitz, Gattung T 37. Spätere Betr.-Nr. 113. Gebaut 1904. Fabr.-Nr. O & K 1430. (Archiv Pierson)

Abb. 74 D-h2-Tenderlokomotive, 785-mm-Spur, für die ED Kattowitz, Gattung T 38. Betr.-Nr. 213. Gebaut 1915. Fabr.-Nr. O & K 7163. (Archiv Pierson)

Abb. 75 E-h2-Tenderlokomotive, 785-mm-Spur, für die KED Kattowitz, Gattung T 39. Gebaut 1919/20 von O & K. (Archiv Pierson)

tive, jedoch für 1000-mm-Spur, lieferten O & K 1923 drei Maschinen unter der preußischen Gattungsbezeichnung T 40 für die Feldabahn im Direktionsbezirk Erfurt. Zwei von ihnen, die späteren Nummern 99 181 und 99 182, gingen 1946 als Reparationsabgabe in die SU; die dritte, Nummer 99 183, wurde 1969 im Bw Gera kaltgestellt.

Togo-Eisenbahn in Zentral-Afrika (Abb. 76). Auf dem Bild ist der große Reichsadler an den Wasserkästen zu sehen. Die Maschinen waren von der Bahnbaufirma Lenz & Co in Auftrag gegeben. Es folgten im Jahre 1906 sechs Stück 1D-n2-Tenderlokomotiven, 350 PS für die Lüderitzbucht-Eisenbahn in Südwestafrika (Kapspur), Fabrik-

Abb. 76 B + B-n4v-Tenderlokomotive, 1000-mm-Spur, für die Togo-Eisenbahn der Deutschen Kolonialeisenbahnbau- und Betriebsgesellschaft. Gebaut 1906 von O & K. (Archiv Pierson)

Das zweite große staatliche Schmalspurnetz waren die Bahnen in den ehemaligen deutschen Kolonien. Mit einer Mallet-Lokomotive begann die Tätigkeit der Firma auf dem Gebiet des kolonialen Eisenbahnwesens. Die erste derartige Lieferung aus dem Jahre 1905 umfaßte insgesamt 6 Stück B + B-n4v-Tenderlokomotiven, 200 PS, Fabrik-Nr. 1466-70 und 1540, 1000-mm-Spur, für die nummer 1870–1875. Das Triebwerk dieser Lokomotiven hatte außerordentlich unter den in diesen Breiten auftretenden Sandstürmen zu leiden, weshalb man sich zu Außenrahmen und vollkommen staubdicht verkleidetem Triebwerk entschloß.

Die meisten Strecken der Reichskolonialbahnen besaßen 1000-mm-Spur. Von den in den deutschen

Abb. 77 1B-h2-Personenzug-Tenderlokomotive der Kremmen-Neuruppin-Wittstocker Eisenbahn. Alte Betr.-Nr. 14. Gebaut 1908. Fabr.-Nr. O & K 2959. (Archiv Pierson)

Afrikakolonien in Betrieb genommenen Lokomotiven stammten 68 Einheiten aus Drewitz, darunter auch 1D-h2-Schlepptendermaschinen für die Usambara-Eisenbahn im ehemaligen Deutsch-Ostafrika.
Ein weiteres großes Gebiet für den Lokomotivbau von O & K waren die Klein- und Nebenbahnen, die z. T. schmalspurig, z. T. normalspurig waren. Hierbei hatte die Fabrik insbesondere den Bau kurvenbeweglicher Lokomotiven betrieben. Dort, wo der Achsdruck infolge steigender Zugkräfte nicht vergrößert werden konnte und fünf- bis sechsachsige Maschinen notwendig wurden, hatte man sich jahrelang mit der Malletkonstruktion beholfen. Zu welch hohem Entwicklungsstand O & K diese Bauart brachte, konnte man u. a. an der C + C-n4v-Malletausführung für die Harzquerbahn verfolgen, deren Maschinen mit einem Dienstgewicht von 54 t von 1910 bis 1930 die schwerste deutsche Tenderlokomotive für Schmalspurbahnen waren und deren Niederdruckzylinder mit gleichbleibender Füllung von 75 % arbeiteten.
Im Bereich normalspuriger Klein- und Nebenbahnen beherrschten Orenstein & Koppel ein weites Feld. Aus der Fülle der belieferten Nebenbahnen wollen wir nur eine herausgreifen: Die ehemalige Ruppiner Eisenbahn, die einen Teil der Mark Brandenburg verkehrstechnisch erschloß. Ihr zugeordnet war u. a. die Kremmen-Neuruppin-Wittstocker Eisenbahn. Für sie lieferten O & K in den Jahren 1908 bis 1911 vier Stück 1B-h2-Tenderlokomotiven (Abb. 77), denen 1913 eine Nachlieferung unter Fabriknummer 6717 folgte, die mit Stumpf'schen Gleichstromzylindern ausgerüstet

war. Auffällig ist, daß bei diesen Heißdampfmaschinen Flachschieber verwendet wurden. Eine von ihnen wurde übrigens mit der Fabriknummer 5000 im Werksverzeichnis eingetragen. Dafür erhielt sie zur Belohnung einen Krampenschornstein, ihre Jubiläumsnummer aber mußte sie an eine äußerlich repräsentativere, vierfach gekuppelte Heißdampf-Güterzuglokomotive der Kgl. Preußischen Staatsbahnen, Gattung G 8, abgeben.

Und damit sind wir bereits mitten im Großlokomotivbau der Firma Orenstein & Koppel und wollen uns mit einigen Lokomotivgattungen der Preußischen Staatsbahnen beschäftigen, die aus der Fabrik in Drewitz hervorgingen. So wurden von hier aus in den Jahren 1907 und 1908 als Nachbau insgesamt 11 Stück C-h2-Tenderlokomotiven, Gattung T8, an die Kgl. Eisenbahndirektion Berlin für den Betrieb der Berliner Stadt- und Ringbahn geliefert (Abb. 78). Ihr Bau war die Veranlassung zu einer grundlegenden Umgestaltung und Vergrößerung der Werkstätten, nachdem bereits im Jahre 1903 eine neue Hammerschmiede und ein Jahr später eine neue Kesselschmiede entstanden waren. Mit dem Bau der erwähnten Stadtbahnmaschinen erfolgte auch äußerlich die Trennung des Kleinlokomotivbaues vom Großlokomotivbau durch Errichtung einer zweiten Montagehalle von 6000 qm Grundfläche. Ein Katalogbild aus jener Zeit (Abb. 79) vermittelt einen Gesamteindruck der, gegenüber dem Ufa-Filmgelände in Babelsberg gewachsenen, Lokomotivfa-

Abb. 78 C-h2-Tenderlokomotive der Preußischen Staatsbahnen, Gattung T 8. Betr.-Nr. Berlin 7012. Gebaut 1907. Fabr.-Nr. O & K 2117. (Archiv Pierson)

Abb. 79 Gesamtansicht der Lokomotivfabrik Orenstein & Koppel in Drewitz im Jahre 1910. (Archiv Pierson)

brik mit ihrer nicht zu übersehenden Dominante, dem »Circus«; ein Lageplan zeigt die Anordnung der einzelnen Werkplätze (Abb. 80).
Wir haben bereits einige besondere Konstruktionsvorhaben und deren Verwirklichung kennen gelernt; die augenfälligste Idee freilich war für Drewitz der Bau von Lokomotiven mit Wasserrohrkessel nach einem Patent von Stroomann, für den O & K das alleinige Ausführungsrecht erwarben. Nach mannigfachen Versuchen gab die

Preußische Staatsbahn im Jahre 1910 einen Auftrag zum Bau einer D-h2-Güterzuglokomotive, Gattung G 8, Betr.-Nr. Magdeburg 4851 mit Stroomann-Wasserrohrkessel, bei der die Heizgase nicht, wie üblich, ein Siederohrbündel durchströmen sondern ein Wasserrohrsystem umspülen, während der als Wellrohrfeuerbüchse ausgebildete Feuerraum seine Wärme auf das Wasser übertrug.

Obwohl die Versuchsfahrten höhere Verdampfungsziffern sowie größere Zugleistungen gegenüber der Normalbauart ergaben, traten im Be-

Abb. 80 Plan der Lokomotivfabrik Orenstein & Koppel, Drewitz, um 1913.

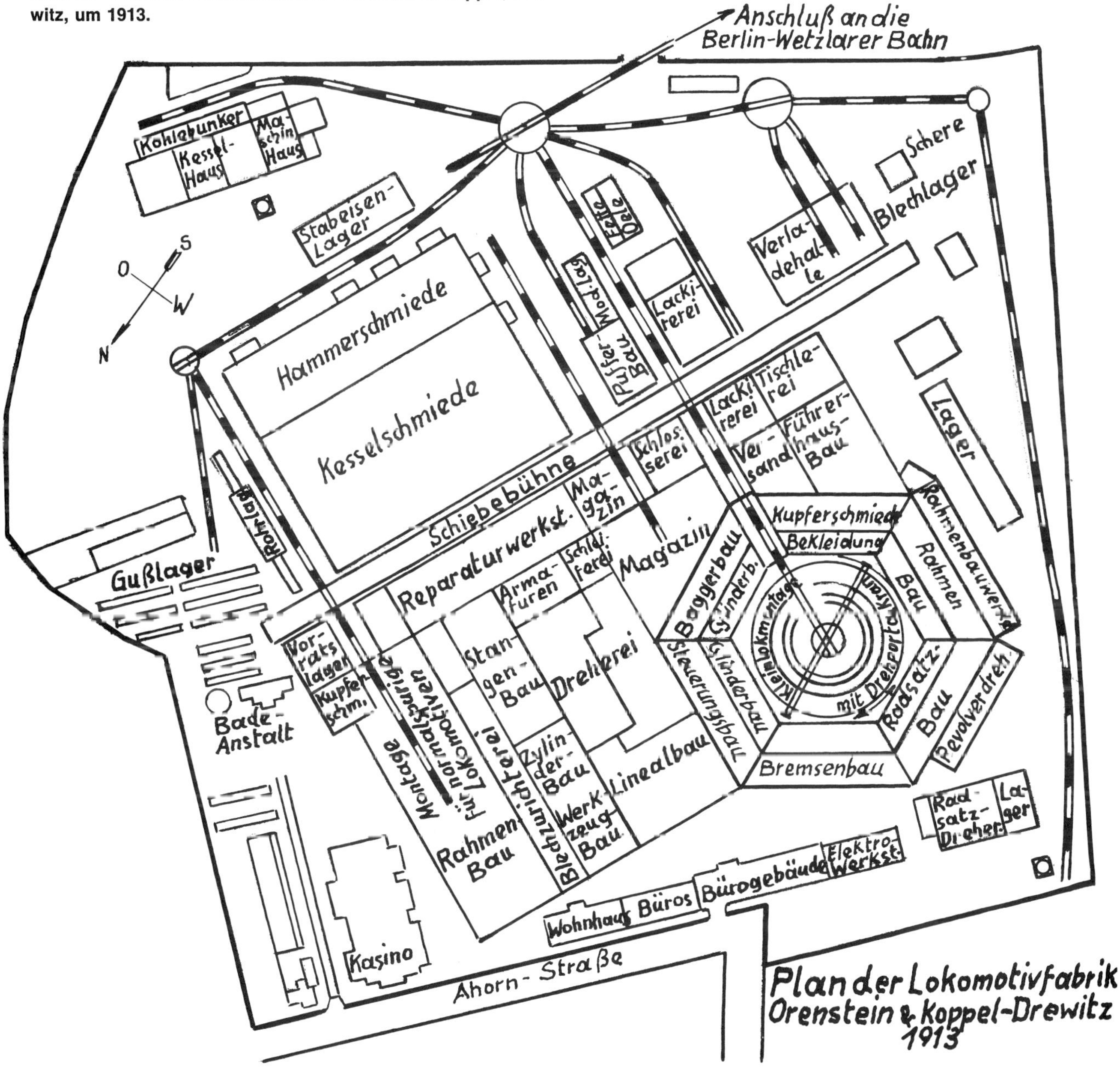

trieb sowie in der Unterhaltung des Kessels Schwierigkeiten auf, die im Jahre 1913 zu einer Außerdienststellung der Maschine führten. Dennoch wurden die bisherigen Erfahrungen dazu verwertet, drei weitere Versuchslokomotiven gleicher Gattung zu bauen, die im Jahre 1914 an die Kgl. Eisenbahndirektion Magdeburg zur Ablieferung kamen (Abb. 81). Die abgebildete Maschine wurde von O & K auf die »Baltische Ausstellung 1914« nach Malmö geschickt.

Die mit diesen Maschinen erzielten Betriebsergebnisse ermutigten dazu, daß der Stroomann-Wasserrohrkessel auch bei anderen Lokomotivneubauten zur Anwendung kam, so beispielsweise beim Bau zweier 80 t schweren E-h2-Güterzug-Tenderlokomotiven für die »Zechenbahn- und Hafenbetriebe der Ruhrkohle AG« in Gladbeck, von denen die eine gleichfalls einen Stroomannkessel erhielt. Auffallenderweise aber wurden sowohl die drei Güterzuglokomotiven der KED Magdeburg als auch die schwere Hafenbahnlokomotive im Jahre 1920 wieder mit normalen Siederohrkesseln versehen.

Nach dem ersten Weltkrieg war bekanntlich in-

Abb. 81 D-h2-Güterzuglokomotive der Preußischen Staatsbahnen, Gattung G 8, mit Stroomann-Wasserrohrkessel, Betr.-Nr. Magdeburg 4869. Gebaut 1914. Fabr.-Nr. O & K 6714. (Foto: Pierson)

Abb. 82 C-n2-Tenderlokomotive, 600-mm-Spur, mit PKP-Tender der PKP, Gattung Ty-3 Nr. 195, jetzt Vergnügungsbahn Ohs-Bor (Südschweden). Gebaut 1944. Fabr.-Nr. Masch.-Bau & Bahnbedarf Babelsberg 13584. (Foto: Gustafsson)

folge der Abgabe von 5000 Lokomotiven an die Siegermächte im Eisenbahntransportwesen der deutschen Länderbahnen ein kritischer Zustand erreicht, der nur durch rasche Ergänzung der Fehlbestände an Zugmaschinen behoben werden konnte. Auch die Fabrik in Drewitz stellte sich darauf ein. Auf dem bisher brachgelegenen Gelände nördlich der Ahornstraße entstand eine weiträumige Kesselschmiede, eine ebenso gestaltete Lokomotivmontage mit Nebenbetrieben und dazwischen ein ausgedehntes Blechlager. Die Fabrik war auf dem Höhepunkt ihrer Kapazität angelangt.

Als zu diesem Zeitpunkt die Länderbahnen in die Deutsche Reichsbahn-Gesellschaft übergingen und man Mitte der zwanziger Jahre mit der Entwicklung der Einheitslokomotiven begann, wurde auch die Firma Orenstein & Koppel entsprechend ihrer arteigenen Konstruktionen mit einbezogen. Die Erfahrungen, die man s. Zt. mit den Schmalspurlokomotiven der preußischen Gattung T 39 in Oberschlesien gemacht hatte, wurden dem Entwurf und Bau einer E-h2-Güterzug-Tenderlokomotive für die Hamburger Hafenbahn unter Berücksichtigung der Triebwerkkonstruktion, System Luttermöller, zugrunde gelegt. Insgesamt wurden 16 Lokomotiven in den Jahren 1927/28 als Baureihe 87 von O & K zur Ablieferung gebracht.

Während der Zeit des Nationalsozialismus wurde die alte Firma in »Maschinenbau & Bahnbedarf AG, Babelsberg«, umbenannt. Aus dieser Zeit bringen wir in Abb. 82 eine interessante C-n2-Schmalspur-Tenderlokomotive, die unter Fabriknummer 13 584 im Jahre 1944 für die besetzten Ostgebiete geliefert wurde. Sie ging nach Kriegsende an die Polnische Staatsbahn über, von der sie schwedische Eisenbahnfreunde im Herbst 1975 für 2700 Dollar erwarben. Sie trägt das polnische Gattungszeichen Ty-3, Nummer 195 und läuft auf der Bahn Ohs-Bruck in Südschweden.

Der zweite Weltkrieg brachte die bekannten Massenbauten sog. Kriegslokomotiven, an denen auch Drewitz beteiligt war. Nach Kriegsende wurde das Werk zum »VEB Lokomotivbau Karl Marx, Babelsberg« und begann zunächst mit Lokomotivreparaturen. Doch bereits im Jahre 1947 wurden erstmalig wieder D-h2-Schmalspurlokomotiven mit Schlepptender, 750-mm-Spur, als Re-

Abb. 83 D-h2-Schmalspurlokomotive mit Schlepptender, 250 PS, 750-mm-Spur. Gebaut 1947. Fabr.-Nr. 15101. (Archiv Ing. W. Brandt)

parationsleistungen für Rußland gebaut (Abb. 83). Eine von ihnen wurde für die Nebenbahn Glöven-Havelberg hiervon abgezweigt.

Trotz der Dringlichkeit von Baulokomotiven für die Enttrümmerung der Städte meldete die Deutsche Reichsbahn (Ost) ihre Bedürfnisse für Lokomotiv-Neubauten schon sehr bald an. Das Jahr 1954 brachte den Großlokomotivbau in Drewitz wieder zum Durchbruch. Er begann mit einer Neubauserie von 19 Stück 1E1-h2-Tenderlokomotiven, 700 PS, 1000-mm-Spur, Baureihe 99^{23} für die Strecken der ehemaligen Nordhausen-Wernigeroder Eisenbahn in den Jahren 1954 bis 1958 (Abb. 84).

In dieser Zeit erschienen in Drewitz eines Tages zwei Baumustermaschinen einer neuen Vollbahntype 1D2-h2-Personenzug-Tenderlokomotive, 1000 PS, Baureihe 83^{10}, deren Konstruktion noch aus der früheren AEG-Lokomotivfabrik in Henningsdorf (s.d.) stammte und die dort zwischen-

Abb. 84 1E1-h2-Schmalspur-Tenderlokomotive, 1000-mm-Spur, Baureihe 99^{23} für die Harzquerbahn. Gebaut 1954 bis 1958. (Archiv Bombös)

zeitlich fertig gebaut worden waren. Man hatte sie in Henningsdorf versuchsweise mit einer luftdruckbetriebenen Umsteuerung versehen, mit deren Erprobung und Weiterentwicklung sich nunmehr das »Institut für Schienenfahrzeuge« in Adlershof befaßte. Nach eingehenden Betriebsversuchen mit den beiden Baumustermaschinen wurden in den Jahren 1955/56 insgesamt 27 Einheiten, die mit Mischvorwärmern ausgerüstet waren, von der ehemaligen O & K-Lokomotivfabrik an die Deutsche Reichsbahn, und zwar mit normaler Umsteuerung, geliefert.

Eine leistungsfähigere Ausführung dieser Bauart stellte die nunmehr in Drewitz konstruierte 1500 PS starke 1D2-h2-Personenzug-Tenderlokomotive der Baureihe 65^{10} dar, von der das Werk in den Jahren 1954 bis 1957 insgesamt 88 Einheiten baute. Auch diese Maschinen erhielten Mischvorwärmer und darüberhinaus einen Mehrfachventilregler (Heißdampfregler). Das aus einem Vorventil und vier bis fünf Hauptventilen bestehende Reglersystem wurde jahrelang zu einem Problem für die Konstrukteure im Werk und im Institut für Schienenfahrzeuge, da der Regler ständig unter dem Festsitzen der Ventile litt. Es wurden alle möglichen Materialien für diese ausprobiert; auch mit einer Beschichtung der Ventile wurde experimentiert. Dazu traten Längenausdehnungen der Nockenwelle auf und die Öffnungsfolge der Ventile war ungünstig gewählt.

Nach Beheben der aufgezeigten Mängel konnte der Mehrfachventilregler als betriebssicher gelten. Außer der Baureihe 65^{10} erhielten auch die beiden Baumusterlokomotiven einer neuen Bauserie von 1800 PS, 1C1-h2-Personenzuglokomotive mit Schlepptender, Baureihe 23^{10} der Deutschen Reichsbahn diese Reglerausführung.

Das gleiche galt für zwei Einzelausführungen einer 1800-PS-1D-h2-Personenzuglokomotive, Baureihe 25, die die Deutsche Reichsbahn im Jahre 1953 in Auftrag gab und von denen die eine Maschine mit der Betriebsnummer 25 001 eine mechanische Rostbeschickung (Stoker) erhielt, während die andere mit der Betriebsnummer 25 1001 mit Kohlenstaubfeuerung, System Wendler, ausgerüstet wurde. Der Bau der Stokerlokomotive sollte zu einem spektakulären Ereignis, für den Autor aber zu einem tiefgehenden Erlebnis werden.

Anfang 1954 wurde in der durch die Werkserweiterungen der zwanziger Jahre freigewordenen alten Hammerschmiede (Abb. 80) mit dem Aufbau der Prüfstände für den Mehrfachventilregler sowie für die Stokereinrichtung begonnen. Für letztere war seitens der Konstruktion die sog. Unterflur-Ausführung gewählt worden, d. h. die vom Tender vermittels einer Transportschnecke herangeführte kleinstückige Kohle schob sich durch ein nach oben gebogenes weites Knierohr in die Feuerkiste vor einen Blasapparat, von dem aus sie vermittels in verschiedene Richtungen blasende Dampfstrahlen über den Rost verteilt wurde.

Die Schwierigkeiten mit dem Heißdampfregler wurden bereits erwähnt. Aber auch mit dem Stoker ging es nicht so, wie man es sich vorgestellt hatte. Wiederholt erhielt der Autor dabei den Besuch leitender maschinentechnischer Beamter der Deutschen Reichsbahn auf seinen Versuchsständen. Nun kennt man ja die sog. Vorführtükken des Objekts. Als eines Tages wieder eine Gruppe Reichsbahnbeamter unter Führung des leider zu früh verstorbenen Leiters der Abt. Dampflokomotiven – wegen seiner gewählten Ausdrucksweise »Blumenschulze« genannt – aufkreuzte, hatte der Stoker seine Mucken – die Kohle preßte sich unter dem Druck der Förderschnecke im Knierohr zusammen und plötzlich riß sich die gesamte Versuchseinrichtung aus ihrer betonierten Verankerung und lief, von der

Vehemenz der durchdrehenden Antriebsmaschine geschleudert, davon. Verblüfft blickte »Blumenschulze« auf dieses Schauspiel, dann bemerkte er kühl: »Ich sehe, daß Ihr Aggregat zum mindesten läuft« und verließ mit seiner Begleitung den Raum.

Der Sommer verging, die inzwischen immer wieder angestellten Versuche führten schließlich zu brauchbaren Lösungen und allmählich begannen die Einzelaggregate zu funktionieren. Der Herbst kündigte sich an und damit stand eines Tages die Frage im Raum, ob man die Stokerlokomotive auf die Leipziger Messe bringen könne, denn damals waren auch im Herbst auf dem Messegelände noch alle Branchen, also auch der Maschinenbau und damit auch das Transportwesen, vertreten. Der in einem langen Berufsleben bei Orenstein & Koppel ergraute Leiter der Lokomotivmontage hielt das Vorhaben für verfrüht und riet, die Maschine ein halbes Jahr später auf die Messe zu bringen. Zu dieser Zeit befanden sich gerade nur der Rahmen und die Radsätze in der Montage. Wie alljährlich trat der Oberingenieur in den ersten Septembertagen seinen wohlverdienten Urlaub an und entschwand in Richtung Thüringer Wald; wußte er doch die Montage bei seinem jungen Vertreter in besten Händen.

Der Chef war abgereist, da rief der Jüngere die Meister und Brigadiere sowie den Autor zu einer Besprechung zusammen und eröffnete kurz und bündig: »Die Stokerlok kommt auf die Messe. Wir haben zwar nur zehn Tage Zeit, daher bitte ich euch um eure Meinung.« Die alten »Orensteiner«, seit Jahrzehnten mit ihrem Werk verwachsen, schauten nachdenklich drein; die Jüngeren sahen fragend auf ihre erfahrenen Kollegen. Da hob der weißharige Obermonteur den Kopf, blickte sich im Kreise um und sagte langsam: »Wir haben nur eine Chance – es gibt keinen Feierabend.«

Bereits am gleichen Tage verließ keiner der Angehörigen die Montagehalle zum gewohnten Arbeitsschluß. Tag und Nacht ging die Arbeit, nur von ein paar Stunden Schlaf auf der Werkbank unterbrochen, voran. Es war ein Glück, daß die Lehrlingswerkstatt ein halbes Jahr zuvor während des Winters ein naturgetreues Modell der Stokerlokomotive hergestellt hatte, das nun in der Werkhalle Aufstellung fand, sodaß sich ein Jeder orientieren konnte. Fehlende Teile wurden von der Tischlerei nach Zeichnung roh aus Holz gefertigt und provisorisch an der Maschine befestigt, sodaß vor allem die Kupferschmiede bereits ihre Rohre danach biegen konnten. Die Einkäufer waren ständig unterwegs, um Auswärtslieferungen heranzuholen, die Knorr-Bremse in Lichtenberg legte Sonderschichten ein, um die doppelt wirkende Mischvorwärmerpumpe, die vorläufig ebenfalls als Holzmodell anmontiert wurde, fertigzustellen. Kein Mensch sprach darüber ein unnützes Wort – Ausschlafen konnte man später, und die Kantine brachte das Essen Tag und Nacht im Sondereinsatz an die Werkbänke.

In der zehnten Nacht wurden unter Aufsicht des Autors Maschine und Tender gekuppelt und damit auch die Stoker-Anschlüsse miteinander verbunden. Schon brannte das Feuer, der Hilfsbläser wurde eingehängt, das Kesseldruckmanometer begann zu steigen. Noch arbeitete man an der Knorr-Speisepumpe, die am späten Abend eingetroffen war. Was fehlte, waren die Ventile zum Heißdampfregler. »Wir fahren mit dem Bierdekkel« entschied der Obermonteur. Damit meinte er das Dampfausströmventil im Dampfdom, das wegen seiner deckelartigen Form so genannt wurde. Gegen Morgen wurde die Stokereinrichtung in Gang gesetzt und reagierte einwandfrei. Am Vormittag erschienen die Kollegen des »Instituts für Schienenfahrzeuge« aus Adlershof und be-

Abb. 85 1D-h2-Personenzuglokomotive der Deutschen Reichsbahn. Betr.-Nr. 25 001 mit Stokerfeuerung auf der Leipziger Herbstmesse 1954. (Archiv Pierson)

äugten neugierig die Maschine, während wir andere Sorgen hatten. Um die Mittagszeit war der große Augenblick gekommen – die Stokerlokomotive rollte langsam aus dem Anheizschuppen dem Probefahrtsgleis zu – es war geschafft! (Abb. 85).

Als am Abend des gleichen Tages beim Leiter der Lokomotivmontage an dessen Urlaubsort das inhaltsschwere Telegramm einging: »Stokerlok heute erste Werksprobefahrt bestanden« rührte den Oberingenieur fast der Schlag. Wir aber gingen nach Arbeitsschluß heim, als wäre nichts Besonderes geschehen. Es war ja wohl auch nichts Besonderes. –

Doch auch für die ehemalige Lokomotivfabrik von Orenstein & Koppel ging das Dampfzeitalter unwiderruflich zuende. Am 28. Dezember 1960 verließ die letzte von 88 Neubaulokomotiven der Reihe 50[40] das Werk. Der VEB Lokomotivbau »Karl Marx«, Babelsberg, befand sich bereits in der Umstellung zur Produktion von Diesellokomotiven mit Strömungsgetrieben. Er erhielt dabei Unterstützung vom »Institut für Strömungsmaschinen« in Dresden sowie vom Motorenwerk Berlin-Johannisthal.

Die ersten Versuche waren bereits mit einer zweiachsigen 150-PS-Diesellokomotive auf der Strekke Drewitz-Seddin vorgenommen worden (Abb.

Abb. 86 Erste Probefahrten mit einer B-dh-Versuchs-Diesellok, 150 PS. Zweiter von rechts: O & K-Chefkonstrukteur Schneider. (Archiv Pierson)

86), die vor allem über die Wirkungsweise eines Strömungsgetriebes Aufschluß geben sollten. Weitere Fahrversuche folgten mit einer dreiachsigen 360-PS-Diesellokomotive aus der früheren Fabrik von Schwartzkopff. Währenddessen ging man bereits zur Konstruktion und Herstellung der ersten beiden Baumuster einer vierachsigen D-dh-Diesellokomotive, 600 PS, Gattung V 60, über. Abb. 87 zeigt den Einbau des Getriebeblocks in die erste Versuchsmaschine unter Aufsicht des Montagemeisters Heidebrecher und des Autors.

Auf dem benachbarten Montagestand erfolgte gleichzeitig der Zusammenbau von zwei Baumustern B-B dh einer Schmalspur-Diesellokomotive, 1000-mm-Spur, für die RBD Dresden. Die beiden Baumuster führten die Bezeichnung V 36k und besaßen jeweils zwei getrennte kurvenläufige Antriebseinheiten mit je einem 180-PS-Motor sowie zugehörigem Getriebe. Die beiden Fahrgestelle waren durch einen gemeinsamen in der Mitte der Lokomotive angeordneten Führerstand verbunden, der an jeder Stirnseite ein Fahrpult aufwies. Es blieb aber bei diesen beiden Baumustern; weitere Nachbauten erfolgten nicht.

In den Jahren 1960 bis 1963 verließen laufend V 60-Einheiten das Werk, bis deren Herstellung von der einstigen AEG-Lokomotivfabrik in Hennigsdorf (s.d.) – »VEB Lokomotiv-Elektrotech-

Abb. 87 Einbau des kombinierten Strömungs- und Wendegetriebes in das erste Baumuster V 60. (Archiv Pierson)

Abb. 88 Alte und neue Lokomotivmontage mit Lackiererei des VEB Lokomotivbau „Karl Marx", Babelsberg, im Jahre 1967. (Archiv Gottwald)

nische Werke Hans Beimler« – übernommen wurde. Eine weitere Type – 150 PS, Gattung V 15 – wurde ebenfalls in Drewitz gebaut, den Schwerpunkt aber in der Herstellung von Diesellokomotiven sollte die 1800-PS-B-B dh Maschine V 180 für den VEB Lokomotivbau »Karl Marx«, Babelsberg bilden, bei der man von vornherein von hohen Produktionsziffern ausging. Aus diesem Grunde erhielt das Werk in den Jahren 1964/1965 ganz neue Montagehallen mit Räumen für Nebenbetriebe (Abb. 88), die einen entsprechenden Ausstoß gewährleisten sollten.
Es kam jedoch anders. Ende Juni 1969 verließen die beiden letzten Diesellokomotiven einer Bauart V 150 im Rahmen eines Exportauftrages den VEB Lokomotivbau »Karl Marx«. Mit Beginn des Jahres 1970 hatte dieser aufgehört zu existieren und die Fabrik wurde dem VEB Kombinat Luft- und Kältetechnik als »Betrieb Karl Marx, Babelsberg« zugeordnet. Damit gehörte nun auch die letzte und wohl langlebigste Berliner Lokomotivfabrik der Vergangenheit an. Übrig geblieben ist allein der Bau von Industrie-Diesellokomotiven bei der nunmehr hundertjährigen Firma Orenstein & Koppel in Dortmund.

Das elektro-dynamische Prinzip

Gewerbeausstellung 1879. Zu ihren besonderen Sehenswürdigkeiten gehörte eine 300 m lange Rundbahn von 490 mm Spurweite, auf der eine Telegraphenbaufirma eine Lokomotive laufen ließ, die ohne Rauch, Dampf und Kessel mehrere Wagen hinter sich herzog, von deren in Längsrichtung angeordneten Sitzbänken die Beine der Fahrgäste bis fast zur Erde baumelten (Abb. 89). Diese erste elektrische Bahn der Welt wurde für Berlin und darüber hinaus für die gesamte Menschheit zu einem historischen Vorgang von einmaliger Bedeutung. Sie war das Resultat der Verwirklichung des elektro-dynamischen Prinzips.

Der Mann, der in der Sternstunde seines Lebens dieses Prinzip erdachte und ihm eine feste Form gab, war der Oberleutnant der Artillerie Werner Siemens, geboren am 13. Dezember 1816. Wir waren ihm bereits schon einmal begegnet, als er in Magdeburg seinem Bruder Wilhelm und dessen Schulfreund Louis Schwartzkopff in aller Hergottsfrühe Nachhilfeunterricht in Mathematik gab. Jede freie Stunde, die ihm der Militärdienst ließ, verwendete er auf seine wissenschaftliche Fortbildung, die er durch eigene Experimente vertiefte.

Um 1845 lernte Werner Siemens, als er in Berlin die dortige Artillerie- und Ingenieurschule besuchte, den von dem Engländer Wheatstone konstruierten elektrischen Zeigertelegraph kennen, der jedoch recht mangelhaft funktionierte. Daraufhin baute er selbst einen neuen Zeigertelegraph, der einfacher in der Bedienung und weniger störanfällig war. Zur werkstattgemäßen Herstellung dieses Apparates verband er sich mit dem aus Hamburg stammenden Universitätsmechanikus Johann Georg Halske und gründete mit ihm zusammen im Oktober 1847 die »Telegraphenbau-Anstalt Siemens & Halske«. Die erste Werkstatt befand sich auf dem Hinterhof des Hauses Schöneberger Straße 19 (später 33), unmittelbar am Bahnhof der Berlin-Anhalter Eisenbahn (Abb. 90). Sie sollte zur Keimzelle des Weltunternehmens SIEMENS werden.

Als die junge Firma um 1852 den Auftrag erhielt, in Rußland ein Telegraphennetz zu errichten, erwiesen sich die Werkstatträume in der Schöneberger Straße als zu klein. Die Produktion wurde auf das Grundstück Markgrafenstraße 94 verlegt, wo die Fabrik in den folgenden drei Jahrzehnten durch Zukauf der Nachbargrundstücke Markgrafenstraße 92 und 93 sowie Charlottenstraße 7 nach und nach erweitert wurde.

Zu einer Zeit, da Borsig in der Chausseestraße noch seine berühmten »Schnelläufer« baute, jene dreiachsigen ungekuppelten Dampflokomotiven, wegen ihres Aussehens von den Personalen »Spinnräder« genannt, wurden in der Markgrafenstraße bereits die Voraussetzungen geschaffen, mittels des elektro-dynamischen Prinzips das

Abb. 89 Erste elektrische Lokomotive der Welt auf der Berliner Gewerbe-Ausstellung 1879 (Archiv Siemens)

Abb. 90 Keimzelle des Siemens-Konzerns in Berlin, Schöneberger Straße 19. (Archiv Siemens)

Dampfzeitalter der Eisenbahn durch eine neue Traktionsform abzulösen. Doch bis dahin sollte noch ein halbes Jahrhundert vergehen, in dem sich die alten »Spinnräder« zu stattlichen Dampflokomotiven entwickelten.
Immerhin: Auf dem Ausstellungsgelände hatte Werner Siemens die Richtung in die Zukunft gewiesen. Er selbst brachte das von ihm vertretene Prinzip durch einen Vortrag »Über die elektrische Eisenbahn der Berliner Gewerbeausstellung« am 9. Juni 1879 vor das Forum des »Vereins zur Beförderung des Gewerbefleißes«, wo er etwa folgendes ausführte:
»Das gleiche Prinzip der Kraftübertragung durch dynamo-elektrische Maschinen, wie es an anderer Stelle dieser Schau ebenfalls dargestellt ist, ist nun bei der Eisenbahn auf die Bewegung von Wagen angewandt worden. Die erste Veranlassung zu der Einrichtung gab eine Anfrage des Baumeisters Westphal aus Cottbus über die Möglichkeit, die Kraft dort verbrannter Kohlen nach Berlin zu transportieren. Wir sind der Sache näher getreten, um zu sehen, wie weit sich die elektrische Krafttransmission zum Transportieren auf Schienenbahnen benutzen lasse. Der Versuch, den wir machten, ist recht gut ausgefallen. Es ist eine kleine, schmalspurige Bahn, in deren Mitte sich als dritte Schiene ein aufrecht stehendes Flacheisen befindet. Die zweiachsige Lokomotive von 3 PS bei einer Spannung von etwa 150 Volt trägt zwei Rollen, durch welche sie mit der Mittelschiene in Verbindung steht. Eine dynamo-elektrische Maschine steht in der Maschinenhalle und eine gleiche bildet die Lokomotive. Die Maschine in der Maschinenhalle wird durch die Dampfmaschine gedreht. Einer ihrer Pole steht in Verbindung mit der inneren Schiene, während der andere Pol mit den äußeren Schienen verbunden wird. Infolge dessen entsteht eine elektrische Differenz zwischen der mittleren und den äußeren Schienen, und die dynamo-elektrische Maschine der Lokomotive, welche jetzt als elektromagnetisch arbeitende Maschine auftritt, leitet durch ihre Umwicklungsdrähte den elektrischen Strom von der inneren zu den äußeren Schienen, wobei die Räder der Lokomotive den Kontakt mit den äußeren Schienen bilden.«
Und Siemens kam in seinem Aufsehen erregenden Vortrag zu dem Schluß:
»Die Maschine der Ausstellung ist ursprünglich nicht dazu gemacht, um die drei eleganten klei-

nen Personenwagen mit 18 bis 24 Personen in ein bis zwei Minuten über die gegen 300 m lange Kreisbahn zu befördern, sondern um aus den Kohlenstollen des Herrn Westphal Kohlen zu Tage zu fördern! Man muß daher auch ihre Leistungen als Schnellzuglokomotive für das Ausstellungspublikum mit Nachsicht beurteilen.«
Tatsächlich war diese Maschine auch als Grubenlokomotive gedacht gewesen. Die erste elektrische Lokomotive dieser Art in der Welt baute Siemens im Jahre 1882 für das »Sächsische Steinkohlenbergwerk Zaukerode.«
Nach der spektakulären Premiere auf der Gewerbeausstellung wandte die Firma Siemens & Halske ihr Interesse dem innerstädtischen Verkehr im besonderen Maße zu. So schlug Siemens vor, eine Hochbahn mit elektrischen Triebwagen in der Berliner Friedrichstraße zu bauen. Dieser Plan scheiterte am Widerstand der um Wertminderung ihrer Wohnungen besorgten Hausbesitzer. Daraufhin legten S & H im Jahre 1881 die erste elektrische Straßenbahn der Welt in dem damaligen märkischen Lichterfelde an, die die dort befindliche Hauptkadetten-Anstalt mit dem Bahnhof Lichterfelde der Berlin-Anhaltischen Eisenbahn verband. Der Gleichstrom von 180 Volt wurde in der einen Fahrschiene zugeführt und in der anderen abgeleitet; später erhielt ihn die Bahn über einen Fahrdraht und hierbei wurde zum ersten Mal auch ein Bügelstromabnehmer ausprobiert. Weitere Straßenbahnen folgten und im Jahre 1890 richtete dir Firma in der Markgrafenstraße ihre erste »Abteilung für elektrische Bahnen« ein, die im Jahre 1900 einen reichhaltigen Katalog herausgab, der erkennen ließ, wie schnell sich dieser Fabrikationszweig ausweitete.
Da sich die vorhandenen Werkstätten hierfür als zu klein erwiesen, trennte die Firma die Schwach- von der Starkstromfabrikation und schuf für letztere ein neues Werk am Salzufer des Landwehrkanals Ecke Franklinstraße in Charlottenburg. Von diesem Werk gingen jahrelang elektrische Lokomotiven hinaus, die mit zum Ruhm von Siemens & Halske beitrugen. Doch davon wird später die Rede sein.
Die Neuerungen gegenüber stets aufgeschlossene Kgl. Preußische Staatseisenbahn-Verwaltung war bereit, in ihrer Hauptwerkstatt Potsdam den Rangierbetrieb mit einer normalspurigen elektrischen Lokomotive versuchsweise aufzunehmen. Sie stellte zu diesem Zweck ein Untergestell mit Radsätzen einer alten, zweiachsigen, von Borsig gebauten Tenderlokomotive zur Verfügung, für die S & H die elektrische Ausrüstung lieferten. In der Dampfkraftzentrale wurde ein Stromerzeuger aufgestellt, der die kupferne Fahrdrahtleitung mit Strom von 300 Volt Spannung und 13 kW versorgte.
Der einfache, rechteckige Kastenaufbau trug einen Siemens-Bügel als Stromabnehmer. Da der Kontroller, ein normaler Walzenfahrschalter für Straßenbahnen, in der Mitte des Führerstandes angeordnet war, hatte man die untere Hälfte der Stirnwände mit großen Pufferfenstern versehen. Einer der beiden gekuppelten Radsätze mit einem Laufkreisdurchmesser von 1100 mm gab, ausgehend von einem Gleichstrom-Reihenschluß-motor über ein doppeltes Reduktionsgetriebe, bei etwa 300 Umdrehungen in der Minute etwa 15 PS am Radumfang ab. Bei der offiziellen Abnahmefahrt am 18. 6. 1895 zog die Maschine zwei Schlafwagen und einen Güterwagen im Gesamtgewicht von rd. 110 t mit einer Geschwindigkeit von 3,6 km/h.
Siemens gab sich mit den bisherigen Ergebnissen seiner Forschungsarbeit nicht zufrieden. Es drängte ihn, nach vollkommeneren Formen des elektrischen Antriebs bei Schienenfahrzeugen zu suchen. Als man in der ersten Hälfte der achtziger Jahre in den Voltainduktoren, wie man da-

mals die Transformatoren nannte, ein Mittel erkannt hatte, um Wechselstrom zur wirtschaftlichen Kraftübertragung auf große Entfernungen nutzbar zu machen, wandte sich Siemens dieser Möglichkeit zu und entwickelte Formen der Kraftübertragung hoher Spannung und ihre Verwendung auf Fahrzeugen durch Motoren niedriger Spannung, die er sich patentieren ließ.
Nachdem Ende der achtziger Jahre der dreiphasige verkettete Wechsel- oder Drehstrom in der Praxis Eingang gefunden hatte, legte die Firma S & H auf ihrem Werksgelände in der Franklinstraße einen zu Versuchszwecken bestimmten Schienenstrang von 360 m Länge an, der mit drei Drehstromzuführleitungen ausgerüstet wurde, und zwar mit zwei oberirdischen Leitungen und einer dritten Zuleitung durch die Schienen, von denen der Strom über die Laufräder eines Versuchsfahrzeuges abgenommen wurde.
Die Bemühungen der Firma, eine Eisenbahnstrecke für Fahrversuche über eine größere Entfernung und damit Erzielung höherer Geschwindigkeiten zu bekommen, scheiterten an den Bedenken der zuständigen Stellen, da zu jener Zeit die Führung von oberirdischen Leitungen über den von gewöhnlichen Zügen befahrenen Gleiskörper nicht angängig und der Umbau zu schwierig war. So konnten zunächst die Versuche mit hochgespanntem Drehstrom in Fahrleitungen nur in beschränktem Umfang weitergeführt werden.
Der Umstand, daß inzwischen der elektrische Betrieb auf Straßenbahnen eine stürmische Entwicklung erlebt hatte, bei Vorort- und Fernbahnen dagegen nicht vorwärts kommen wollte, veranlaßte die Firma S & H im Jahre 1897, ihre bisherigen Versuche energischer voranzutreiben und auf eigene Kosten eine Versuchsstrecke anzulegen. Das Programm sah folgende Schwerpunkte vor:

1. Erprobung der elektrischen Ausrüstung von Betriebsmitteln unter Verwendung von Drehstrommotoren bei Geschwindigkeiten bis 60 km/h und Spannungen von 10 000 Volt;
2. Erprobung geeigneter Stromabnehmvorrichtungen verschiedener Anordnung, Sicherung gegen Folgen von Drahtbrüchen, Ausbildung der Weichen, Kurven usw.

Mit Unterstützung der Gemeindeverwaltungen von Groß-Lichterfelde und Zehlendorf erfolgte der Bau einer Versuchsstrecke von etwa 1,8 km mit einem in der Mitte gelegenen, neuen Unterwerk des Kraftwerks der Straßenbahn Großlichterfelde-Steglitz-Lankwitz-Südende auf der in beiden Gemeinden liegenden Teltower Straße, die in ihrer Länge von drei Kilometern nur unbebautes Gelände durchzog. Da diese Straße jedoch dem öffentlichen Verkehr diente, mußten unterhalb der Fahrdrahtleitungen Schutznetze angebracht werden.

Abb. 91 Erste elektrische Lokomotive, 60 PS, für 10 000 Volt Fahrdrahtspannung von Siemens, Baujahr 1898. (Archiv Siemens)

Die Lokomotive war mit zwei Drehstrommotoren, auf jeder Achse einen, ausgerüstet, und zwar für eine Spannung von 650 bis 850 Volt, von denen ein jeder 30 PS Dauerleistung und 120 PS Höchstleistung bei 550 Volt entwickelte. Das Gewicht der Maschine betrug mit Motoren, Luftkompressor, drei Stromabnehmern und Anlaßwiderständen 16 000 kg.

Mit dieser Lokomotive wurden in den Jahren 1899 bis 1900 ausgedehnte Versuche angestellt, wobei zunächst der Umformer von 10 000 Volt auf 750 Volt Spannung auf einen besonderen Anhängewagen mit Stromabnehmer nachgeschleppt wurde, um die Schleifkontakte an der Arbeitsleitung von der Maschine aus beobachten zu können. Später erhielt diese einen eisernen Oberkasten, in dem auch die Umformer Platz fanden, und damit die äußere Form nach Abb. 91.

Nachdem auf diesem Wege eine geeignete Leitungsanordnung sowie Stromabnehmereinrichtung und eine entsprechende Ausrüstung der Betriebsmittel für den Betrieb von Fernbahnen mit Hochspannung im Prinzip gefunden worden war, stand der Verwirklichung eines Großversuches nichts im Wege. Im Jahr 1901 erfolgte die Gründung der »Deutschen Studiengesellschaft für elektrische Schnellbahnen«, an der sich unter Führung der Deutschen Bank die beiden Unternehmen Siemens und AEG sowie weitere bedeutende elektro- und maschinentechnische Firmen jener Zeit mit ihren Bankinstituten neben namhaften Technikern aller einschlägigen Wissensgebiete beteiligten. Als Zielsetzung war die Erreichung einer Spitzengeschwindigkeit von 200 bis 220 km/h auf einem normalspurigen Gleis vorgesehen; als Versuchsfahrzeuge sollten auf zwei dreiachsigen Drehgestellen ruhende Wagenkästen mit einem Fassungsraum von 50 Personen dienen, die im übrigen dem Profil der Betriebsmittel der preußischen Staatsbahn zu entsprechen hatten. Der Achsdruck wurde mit 16 t angesetzt. Für die von dem Konsortium bewilligten 1,5 Millionen Goldmark sollten sowohl Versuche zur Klärung technischer Einzelfragen stattfinden als auch mit elektrischen Fahrzeugen erreichbare Höchstgeschwindigkeiten ermittelt werden. Als Probestrecke hierfür bot sich ein besonders günstig geführter Gleisabschnitt der damaligen Kgl. Preußischen Militäreisenbahn an (Abb.

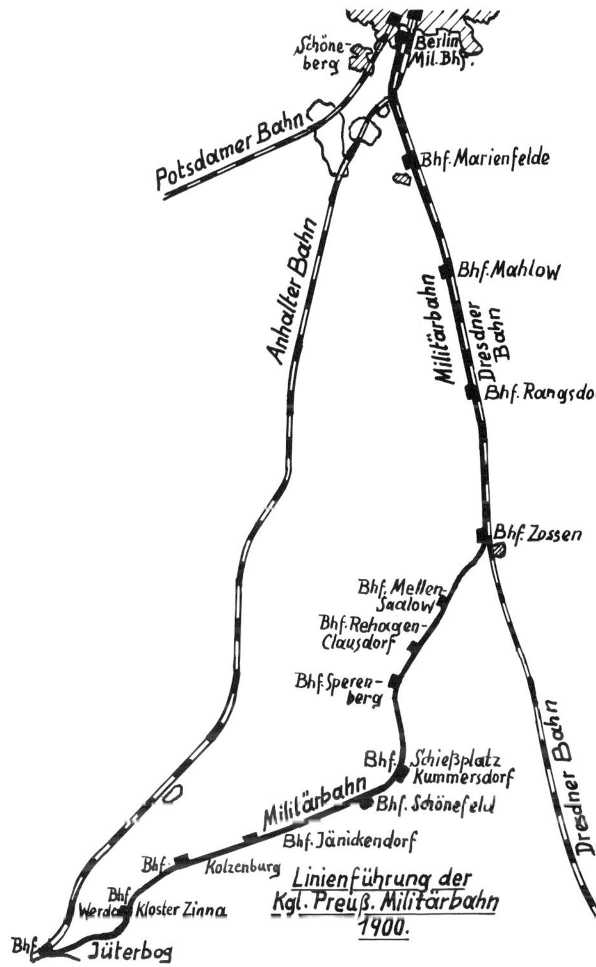

Abb. 92 Linienführung der Kgl.-Preuß. Militärbahn (1900).

92). Zwar waren für das Schnellfahrprojekt im Heeresetat keine besonderen Mittel vorgesehen, doch erklärte sich die Militärbehörde bereit, für die notwendigen Gleisunterhaltungsarbeiten entsprechende Kommandos aus den Schöneberger Eisenbahnregimentern zur Verfügung zu stellen.

Die Firma Siemens & Halske errichtete entlang der 23 km-Versuchsstrecke zwischen Marienfelde und Zossen die Fahrleitung für dreiphasigen Wechselstrom von 10 000 Volt bei 45 Hz, der in einem Elektrizitätswerk der AEG in Oberschöneweide bei Berlin erzeugt und von dort über eine Zuleitung der AEG in Marienfelde eingespeist wurde. Das Programm sah zwei Versuchstriebwagen vor, deren mechanischer Teil, d. h. Wagenkästen mit Zubehör und Drehgestellen, von der bekannten Waggonbaufirma van der Zypen-Charlier in Cöln-Deutz gebaut wurden, die in ihrer äußeren Erscheinung einem D-Zugwagen ähnelten und nur zur besseren Überwindung des Luftwiderstandes mit annähernd parabolisch verlaufenden Abschrägungen versehen waren. S & H sowie AEG rüsteten je einen Wagen mit der kompletten elektrischen Installation aus.

Im Herbst 1901 wurde mit den Fahrversuchen des Siemenswagens begonnen. Hierbei wurden Geschwindigkeiten bis zu 160 km/h erzielt, wobei sich die seitlich bestrichene Fahrleitung bestens bewährte. Andererseits erwies sich die vorhandene Gleisanlage schon für diesen Geschwindigkeitsbereich als zu schwach. Daher diente das folgende Jahr vornehmlich zahlreichen Versuchsfahrten mit beiden Wagen, um eine Reihe von Einzeluntersuchungen durchzuführen. Sie gaben Veranlassung, daß man bei Siemens Überlegungen anstellte, inwieweit es möglich sei, das Gewicht des Fahrzeuges durch Fortlassung der schweren Transformatoren zu senken, indem man Motoren etwickelte, die eine Hochspannung von 10 000 Volt unmittelbar aufnehmen könnten. Dadurch sollte der Oberbau geschont und dessen Unterhaltungskosten gesenkt werden. Im Jahre 1902 wurde bei S & H eine vierachsige Lokomotive mit zunächst zwei Motoren für unmittelbare Aufnahme der Fahrdrahtspannung gebaut. Unter Berücksichtigung der Erprobung im praktischen Fahrbetrieb wirkten die Motoren vermittels Zahnradübertragung auf die Achsen, die die gleiche Ausführung aufwiesen wie die des Schnelltriebwagens mit einem Raddurchmesser von 1250 mm bei einem Radstand je Drehgestell von 3250 mm.

Nach Fertigstellung der Lokomotive wurden in der Zeit vom 17. Juni bis 26. Juni auf der Militärbahn unter Benutzung der vorhandenen Fahrdrahtanlage eine Reihe Versuche durchgeführt. Der letzte Versuch fand am 26. Juni 1902 unter Anteilnahme zahlreicher Vertreter der Militäreisenbahn sowie der »Studiengesellschaft« statt, wobei die Maschine mit 11 000 Volt Spannung bei 95 Wechseln arbeitete. Sie erzielte mit einem vierachsigen Personenwagen I. und II. Klasse als Anhängelast von 31 t eine Geschwindigkeit bis zu 105 km/h. Im Verlauf der Fahrversuche wurden mit der Lokomotive auch Anzugsversuche gemacht, wobei die Maschine, zusammen u. a. mit dem angehängten Schnellbahnwagen, ein Totalgewicht von 130 t fortbewegte (Abb. 93).

Das Jahr 1903 brachte für die »Studiengesellschaft« den Höhepunkt ihrer Arbeit. Nachdem größere Truppeneinheiten bei Tag und Nacht den Oberbau verstärkt hatten, wurden neue Gleise verlegt und zusätzlich eine Leitschiene eingebaut zur Aufnahme der Schlingerbewegungen bei hohen Geschwindigkeiten. Anschließend wurden in den Monaten September bis November 1903 jene denkwürdigen Schnellfahrten mit beiden Wagen unternommen, bei denen Geschwindigkeiten von 206 bis 210 km/h erzielt wurden, die damit in die Geschichte der Eisenbahntechnik eingingen.

STUDIENGESELLSCHAFT FÜR ELEKTRISCHE SCHNELLBAHNEN.

BERICHT

über die

Versuchsfahrten auf der Militär-Eisenbahn

in den Monaten

September bis November 1903.

BERLIN 1904.

Druck von H. S. Hermann.

Abb. 93 Bo'Bo'-Schnellfahrlokomotive für Drehstrom 10000 Volt Fahrdrahtspannung. Gebaut von Siemens & Halske 1902. (Archiv Siemens)

Abb. 94 Rangierlokomotive, Betr.-Nr. 3 der Siemens-Güterbahn. (Archiv Siemens)

Die im Laufe der Versuche erwähnte vierachsige Drehstromlokomotive für eine direkte Spannungsaufnahme von 10000 V durch die Fahrmotoren blieb eine einmalige Ausführung. Ihr Schicksal ist nur wenig bekannt; Tatsache ist, daß sie andere Motoren erhielt und später halbiert wurde. Die eine Hälfte kam zu der von Siemens schon frühzeitig frequentierten Strecke Murnau-Oberammergau, die sich als Versuchsobjekt scheinbar gut eignete, und dort tat die »halbe Portion« bis vor einigen Jahren noch Dienst. Die andere Hälfte führt nach über siebzig Jahren noch heute auf der Siemens-Güterbahn in Berlin als Betriebs-Nr. 3 Rangierfahrten durch (Abb. 94).

Und damit kehren wir wieder in das Jahr 1903 zurück. Damals verband sich die Firma Siemens mit einem zu jener Zeit sehr bedeutenden elektrotechnischen Unternehmen, der »Elektricitäts-AG, vorm. Schuckert« in Nürnberg. Der Begründer desselben war der dortselbst geborene Johann Siegmund Schuckert, der während seiner Lehr- und Wanderzeit auch bei Siemens & Halske in Berlin sowie bei Edison in Amerika gearbeitet hatte. Nach seiner Rückkehr nach Europa anläßlich der Wiener Weltausstellung im Jahre 1873 mietete er in seinem Heimatort die »Schwabenmühle«, in der er sich die erste Werkstatt einrichtete. Seine vorzüglichen elektrischen Maschinen und Geräte – Dynamos, Motoren, Zähler, Bogenlampen und Scheinwerfer – fanden überall Anerkennung und führten 1889 zur Errichtung des ersten großen Werkes an der Landgrabenstraße. 1893 wurde die bisherige Kommanditgesellschaft in eine Aktiengesellschaft umgewandelt; 1895 starb Siegmund Schuckert.

Als die »Elektricitäts-AG vorm. Schuckert & Co.«

Abb. 95 Lageplan der Siemens-Werke in Berlin.

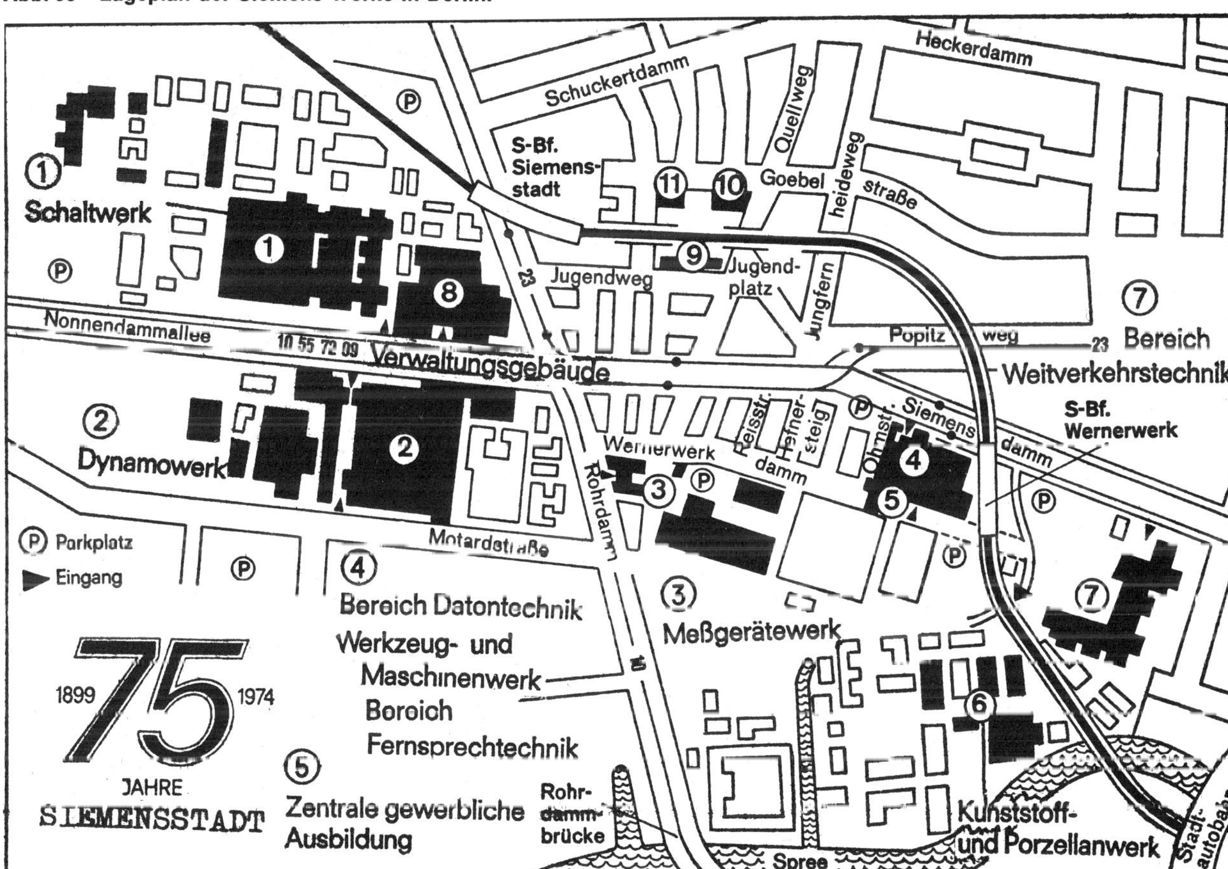

in der wirtschaftlichen Depression um die Jahrhundertwende Anlehnung an S & H suchte, gründeten beide Firmen am 1. April 1903 die »Siemens-Schuckert-Werke«. Hierbei wurden eingebracht: von S & H das Charlottenburger Werk Salzufer Ecke Franklinstraße als deren Hauptfabrikationssitz für elektrische Maschinen und Geräte; das auf den Spandauer Nonnenwiesen am 1. August 1899 in Betrieb genommene Kabelwerk als ersten Fabrikbau des später weltweit bekannten Ortsteil »Siemensstadt« sowie das damalige Verwaltungsgebäude am Askanischen Platz in Berlin neben dem Anhalter Bahnhof. Hier wurde die Hauptverwaltung des neuen Unternehmens zusammengefaßt, bis sie später ebenfalls nach Siemensstadt hinaus verlegt wurde. Die zum Besitz beider Stammfirmen gehörenden ausländischen Fabrikationsstätten in England,

Abb. 96 Lokomotivmontage im Siemens-Dynamowerk in Berlin. (Archiv Siemens)

Abb. 97 Co'Co'-elektrische Versuchslokomotive der Versuchsbahn Seebach-Wettingen (Schweiz). Baujahr 1907. Fabr.-Nr. Borsig 6177. (Archiv Pierson)

Rußland, Österreich-Ungarn und Frankreich wurden vereinigt.

Die deutschen Betriebe mußten infolge der starken Nachfrage, besonders im ersten Jahrzehnt der jetzigen Siemens-Schuckert-Werke, ständig vergrößert werden. Damit entstanden zur Entlastung des Charlottenburger Werkes neue Fabriken auf den Spandauer Nonnenwiesen, deren Hauptverkehrsader der Nonnendamm wurde, wobei das in den Jahren 1906 bis 1910 errichtete Dynamowerk zu den bedeutendsten Bauten zählte (Abb. 95). Hier befand sich auch die erste eigenständige Lokomotivmontage der Siemens-Schuckert-Werke (SSW), die 1912 in Betrieb genommen wurde (Abb. 96).

Bevor es aber dazu kam, bildeten elektrische Lokomotiven einen Teil des Fabrikationsprogramms, vornehmlich in der Franklinstraße. Aus diesem Programm sei u. a. eine im Jahre 1905 für Schweden gebaute normalspurige Co-Versuchslokomotive für Einphasen-Wechselstrom als Vorstufe zur Elektrisierung der Rikgränsbahn genannt. Die Maschine war für die Strecke Tomteboda-Värtan bestimmt.

In diesem Zusammenhang sei auch auf entsprechende Versuche in der Schweiz hingewiesen, wo bereits im Jahre 1902 die Maschinenfabrik Oerlikon einen Vorschlag zur Elektrifizierung der SBB-Strecke Seebach-Wettingen eingereicht hatte, um dort erstmalig praktische Versuche mit Einphasenwechselstrom unter Anwendung einer Fahrdrahtspannung von 15 000 Volt, 50 Hz, durchzuführen, die auf 700 V reduziert über einen Umformer auf Gleichstrom für die Motoren umgewandelt wurde. Unter den Versuchsmaschinen befand sich als Betriebs-Nr. 3 auch eine deutsche sechsachsige Lokomotive, die im Jahre 1907 von A. Borsig, Berlin-Tegel als Fabrik-Nr. 6177 gebaut, von SSW ihre elektrische Ausrüstung erhielt (Abb. 97). Ob die Maschine zunächst auf der

Abb. 98 1'C1'-Einphasen-Wechselstromlokomotive der Badischen Staatsbahn. Gebaut 1908 von SSW, Berlin und Maffei, München. (Archiv Siemens)

Strecke Murnau-Oberammergau, die wir bereits kennen lernten, intern erprobt wurde, läßt sich zwar heute nicht mehr eindeutig feststellen, erscheint jedoch durchaus möglich.

Um nun Erfahrungen zu sammeln, wurde die deutsche Lok von Februar 1908 an auf der Versuchsstrecke Seebach-Wettingen eingesetzt, gehörte aber nie zum Fahrzeugbestand der SBB. Obwohl die Maschine für sechs Fahrmotoren ausgelegt war, wurden nur vier Motoren eingebaut, weil diese für die vorliegenden Zugförderaufgaben ausreichten. Als die SBB ein Jahr später den Versuchsbetrieb wieder einstellte, ging die Maschine an SSW zurück, die sie im Jahre 1912 in eine vierachsige Gleichstromlokomotive umbauten. Statt der zum überwiegenden Teil verschrotteten Wechselstromausrüstung wurde eine normale Ausrüstung für Industrielokomotiven 600 V Gleichstrom eingebaut. Der hierdurch freigewordene Raum im Wagenaufbau konnte nach Anbringen außenliegender Schiebetüren als Packraum benutzt werden. Anläßlich der Hauptrevision des Fahrzeuges zu Anfang der zwanziger Jahre wurde die Lokomotive erheblich verkürzt und tat in ihrer neuen Gestalt unter Bahnnummer 4 auf der Siemens-Güterbahn fast ein Vierteljahrhundert Fahrdienst, bis sie 1944 bei einem Bombenangriff schwer beschädigt und bei Kriegsende verschrottet wurde.

Diese Lokomotive zeigte bei ihrer Entstehung bereits eine Zusammenarbeit von SSW und einer Lokomotivenfabrik für den mechanischen Teil. Eine solche Zusammenarbeit bildete nach Inbetriebnahme der eigenen Lokomotivmontage den Normalfall für alle von Siemens-Schuckert gebauten und gelieferten Lokomotiven.

Aus der Fülle der in der Anfangszeit entstandenen Konstruktionen seien einige Beispiele herausgegriffen. So erhielt im Jahre 1908 die Badische Staatsbahn eine 1'C1'-Lokomotive, Einphasenwechselstrom 15000 V, bestimmt für die Wiesentalbahn zur Beförderung von Personen- und Güterzügen. Der Antrieb wurde durch zwei hochgelagerte Motoren für 275 V Spannung, Treibstangen, zwei Blindwellen und Kuppelstangen gebildet. Der mechanische Teil stammte aus der Lokomotivfabrik J. A. Maffei in München. Die Maschine war mit Luftdruckbremse und elektrisch beheizten Dampfkesseln für die Zugheizung ausgerüstet, wurde auf der Strecke Murnau-

Oberammergau erprobt und im Sommer 1911 auf der Industrie- und Gewerbeausstellung in Turin gezeigt (Abb. 98).
Wir erwähnten bereits früher die Herstellung einer Co-Versuchslokomotive für Schweden aus dem Jahre 1905, die übrigens gleichfalls auf der Strecke Murnau-Oberammergau ihre ersten Versuchsfahrten unternahm. Zehn Jahre später erfolgte eine erste Lieferung von 13 Stück 1'C + C1'-Güterzuglokomotiven an die Schwedischen Staatsbahnen (Abb. 99), deren mechanischer Teil aus der »Vagn-och Maskinfabrik A. B. Falun« stammte. Die elektrische Ausrüstung war gleichfalls für Einphasenwechselstrom 15000 V vorgesehen, wobei die als Doppellokomotive konstruierte Maschine zwei hochgelagerte Motoren, 270 V, mit schrägen Treibstangen, zwei Blindwellen und Kuppelstangen besaß. Der Treibachsdruck betrug 17,5 t; die Höchstgeschwindigkeit 60 km/h. Die Einheiten waren zur Beförderung von Erzzügen zu je 40 beladenen Erzwagen mit einem Zuggewicht von 1850 t auf der Ricksgränsenbahn bestimmt. Angesichts langer Steigungen von 10‰ waren stets zwei Doppellokomotiven,

Abb. 99 1'C + C1'-Einphasen-Wechselstrom-15 Hz-Güterzug-Lokomotive der Schwedischen Staatsbahn. Gebaut 1914 von Vagn-och Maskinfabrik A. B. Falun, Schweden, und SSW Berlin. (Archiv Siemens)

wie auf dem Bild zu sehen, erforderlich, wobei meistens je eine an der Spitze und am Zugende lief.

In den zwanziger Jahren ging die aus den Länderbahnen gebildete Deutsche Reichsbahn-Gesellschaft bei ihren elektrischen Lokomotiven allmählich zum Einzelantrieb über. So lieferten SSW im Jahre 1923 u. a. neun Stück Co+Co-Güterzuglokomotiven der Reihe 92, die noch von der Preußischen Eisenbahn-Verwaltung als Gattung EG Nr. 571 bis 579 für die Direktion Breslau bestellt worden waren (Abb. 100). Der mechanische Teil stammte von den Linke-Hofmann-Lauchhammerwerken in Breslau. Die Maschinen besaßen zwei kurz gekuppelte Untergestelle mit insgesamt sechs Motoren für eine Motorspannung von 325 V. Die größte Geschwindigkeit betrug 50 km/h, der größte Achsdruck einer Triebachse rd. 20 t. Die Maschinen waren zur Beförderung von Güterzügen mit einer Anhängelast von 500 t auf den schlesischen Gebirgsbahnen bei einer Höchststeigung von 20‰ bestimmt.

Das schloß jedoch nicht aus, daß die Deutsche Reichsbahn-Gesellschaft auch noch Mitte der zwanziger Jahre Lokomotiven mit Stangenantrieb beschaffte, so z. B. in den Jahren 1924 bis 1926 insgesamt 16 Stück 2'BB2'-Personenzuglokomotiven von Siemens der Lokreihe E 52.

Abb. 100 Co'+Co'-Einphasen-Wechselstrom, 16 2/3 Hz-Güterzug-Lokomotive, Reihe E 92 der Deutschen Reichsbahn-Gesellschaft. Gebaut 1923 von SSW Berlin und Linke-Hofmann-Werke Breslau. (Archiv Siemens)

Abb. 101 Schwere 2'BB2'-Personenzuglokomotive der Deutschen Reichsbahn-Gesellschaft, Reihe 52, im Bahnhof Garmisch-Partenkirchen. Baujahr 1925. (Archiv Pierson)

Der mechanische Teil für diese Maschinen stammte von Maffei-München. Insgesamt wurden von dieser Bauart 35 Einheiten geliefert, die z. T. noch die Bayerische Staatsbahn als Gattung EP 5 mit den Betriebsnummern 21 501 bis 21 535 in Auftrag gegeben hatte. Das Triebwerk bestand aus zwei hochgelagerten Doppelmotoren für eine Motorspannung von 420 V sowie Zahnradübertragung mit Vorgelege, Blindwellen, Treib- und Kuppelstangen. Die Zahnritzel waren gefedert. Auch diese Bauart hatte fast 20 t Achsdruck und war für eine Höchstgeschwindigkeit von 90 km/h ausgelegt. Ihr Einsatz erfolgte zur Beförderung von Personen- und Schnellzügen auf den Gebirgsstrecken des bayrischen Eisenbahnnetzes.

Wir zeigten in Bild 96 die Lokomotivmontage im Dynamowerk in Berlin-Siemensstadt, mit der der damalige Oberingenieur Walter Reichel aufs engste verbunden war. Er war auch nach Abschluß seiner Schnellbahnversuche auf der Militäreisenbahn die maßgebende Persönlichkeit im Siemens-Lokomotivbau und u. a. der Schöpfer der ersten elektrischen Vollbahnlokomotive, bei

Abb. 102 Bo'Bo'-Personen- und Güterzuglokomotive der Deutschen Reichsbahn-Gesellschaft. Betr.-Nr. E 44 007. Gesamtentwurf, elektrischer und mechanischer Teil der Baumuster-Lokomotive E 44 001 von SSW, Berlin (Archiv Siemens)

der Drehgestell- und Brückenrahmen sowie Motorgehäuse ausschließlich im Schweißverfahren hergestellt waren. Der Gesamtentwurf, die elektrische Ausrüstung sowie der mechanische Teil der Baumusterlokomotive E 44 001 entstanden bei den Siemens-Schuckert-Werken in Berlin. Es war die letzte in einer langen Reihe bahnbrechender Konstruktionen, die auf Prof. Reichel zurückgingen und mit ihr wollen wir auch den Siemens-Lokomotivenbau beschließen. Die in Abb. 102 dargestellte Maschine E 44 007 besaß vier fremdgelüftete Tatzlagermotoren für 550 V Spannung, die auf das ungefederte Zahnradvorgelege mit Schrägverzahnung arbeiteten. Auch bei dieser Bauart betrug der größte Achsdruck 20 t. Von ihr wurden nach Erprobung des Baumusters in den Jahren 1931 bis 1945 insgesamt 177 Einheiten und von 1947 bis 1954 nochmals weitere 9 Einheiten gebaut, die zur Beförderung von Güterzügen, Personenzügen und Eilzügen mit einer Höchstgeschwindigkeit von 80 km/h bestimmt waren. Auch bei diesen Lieferungen stammte der mechanische Teil jeweils aus einschlägigen Lokomotivfabriken, so z. B. bei der abgebildeten Maschine von Henschel & Sohn, Kassel.

Als Professor Walter Reichel nach einem langen, erfolgreichen Leben am 30. September 1932 in den Ruhestand trat, bedeutete dies auch das Ende der Lokomotivmontage im Dynamowerk. Sie wurde unmittelbar danach stillgelegt und anderen Aufgaben zugewiesen. Dort, wo einstmals Lokomotiven entstanden, war jetzt eine Schleudergrube für Generatoren-Erprobung, eine Großwickelei sowie eine Packerei untergebracht. Dennoch war die Firma Siemens-Schuckert nach wie vor im Lokomotivbau engagiert und arbeitete beispielsweise eng mit der Firma Borsig zusammen, vor allem auf dem Gebiet der Tagebaulokomotiven bzw. Abraumlokomotiven für Braunkohlen-Tagebau-Betriebe.

Elektrizität und Dampf

Straße der Lokomotivfabriken. Sie begegnete uns schon einmal, dort, wo der Ruhm Berlins als Standort der größten Lokomotivindustrie des 19. Jahrhunderts begründet wurde. Hier war es auch, wo Ingenieure ihre Ausbildung erhielten, die wiederum weltbekannte Industrien ins Leben rufen sollten. Einer von ihnen war Emil Rathenau, der, am 11. Dezember 1838 in Berlin geboren, nach seinem Abitur auf dem »Gymnasium zum grauen Kloster« und erfolgreichem Studium in Hannover und Zürich am 1. Oktober 1860 in der Maschinenfabrik Borsig als Konstrukteur seine erste Stellung antrat.
Die Konstruktionsabteilung befand sich im Parterre und ersten Stock des Verwaltungsgebäudes mit der schmalen Hausfront zur Chausseestraße hin. Unten arbeiteten die eigentlichen Konstrukteure, eine Treppe hoher die Zeichner. Rathenau begann erst oben, wurde aber bald nach unten versetzt und baute unter dem Oberingenieur Flöhringer zunächst Gitterbrücken und sonstige Eisenkonstruktionen. Später entwarf er unter dem sehr angesehenen Obermaschinenmeister Stambke auch Lokomotiven.
Rathenau wohnte in der Chausseestraße bei einer früheren Köchin seiner Eltern in einem einfachen, möblierten einfenstrigen Hofzimmer für monatlich vier Thaler. Frühstück und Wäsche wurden ihm billigst berechnet und sein Mittagessen nahm er für täglich $7^1/_2$ Silbergroschen im Abonnement inklusive Bier und Trinkgeld in der Karlstraße ein.
Da bei Borsig der Lokomotivbau aus wirtschaftlichen Gründen von Stambke nach schematischen Prinzipien durchgeführt wurde, blieb für den begabten Ingenieur wenig Spielraum zu eigener Entfaltung. Auch das Betriebsklima, das den Konstrukteuren kaum Zutritt zu den Werkstätten bot, behagte ihm nicht. So kündigte Rathenau und ging nach England, wo er bei der »British & Continental Steam Improvements Co.« in London u. a. eine rauchverzehrende Lokomotivfeuerung sowie einen Speisewasser-Reiniger für Lokomotiven baute, der von einem gewissen Schau in der Lokomotivfabrik Wiener-Neustadt erfunden worden war und dessen Prinzip und Wirkungsweise mit dem ein halbes Jahrhundert später entstandenen Speisewasser-Reiniger von Schmidt & Wagner eine Neugeburt erfuhr.
Nach Berlin zurückgekehrt, lernte Rathenau einen Mann kennen, der nach seinem Ausscheiden aus der Egell'schen Fabrik gegenüber von »Schering's Grüner Apotheke« eine kleine Fabrik und Gießerei errichtet hatte. Dieser Mann hieß Webers und hatte das Vergnügungslokal »Bella Vista« mit hübschem Wohnhaus und einem großen Garten mit alten Bäumen erworben. Der Tanzsaal war zu Fabrikräumen umgestaltet worden, ein Dampfkessel im Keller installiert und an den Hausschornstein angeschlossen, und eine Dampfmaschine besorgte den Antrieb der Werkzeugmaschinen. Das kleine Unternehmen gab etwa einem halben Hundert Menschen Lohn und Brot und ernährte schlecht und recht seinen Besitzer durch Bau von Dampfmaschinen für Gas-

und Wasserwerke sowie Herstellung sämtlicher Bühneneinrichtungen der königlichen Theater.
Rathenau machte im Laufe seiner Bekanntschaft eines Tages Webers den Vorschlag, ihm die Fabrik zu verkaufen und der Andere ging auf den Handel ein. Damals ahnte Emil Rathenau nicht, daß in dieser ihm so vertrauten Gegend einmal große Werke der Elektroindustrie mit seinem Namen unlösbar verbunden sein würden, denn zunächst fabrizierte er in seiner Fabrik in der Chausseestraße vorzugsweise transportable Dampfmaschinen als eine Kombination von stehendem Röhrenkessel und stehender Dampfmaschine auf gemeinsamer Grundplatte von 1 PS an. Es folgten in den Jahren 1870/71 Kriegslieferungen, wie Panzertürme und Minentorpedos, aber auch Niederdruckheizungen für den Waggonbau.
Im Jahre 1881 lernte Rathenau auf einer Ausstellung in Paris das neue Edison-Glühlicht kennen und erwarb die einschlägigen Patente für Deutschland. Zwei Jahre später gründete er die »Deutsche Edison-Gesellschaft« und sicherte

Abb. 103 Erste elektrische Lokomotive der AEG, Baujahr 1889. (AEG-Archiv)

sich nach Absprache mit Siemens & Halske das Recht des Baues von elektrischen Kraftstationen in Deutschland. Einige Jahre später revidierten beide Partner jedoch ihre gegenseitigen Abmachungen und aus der Deutschen Edison-Gesellschaft baute Rathenau die »Allgemeine Elektricitäts-Gesellschaft« auf, die 1887 auf dem Gelände der früheren Wedding'schen Maschinenfabrik (Bild 11) an der Ackerstraße unter Hinzunahme des von der Feld- bzw. Hermsdorfer Straße begrenzten Grund und Bodens mit einer Fabrik für elektrische Apparate begann. Hier entstand – neun Jahre nach der spektakulären Zurschaustellung der ersten elektrischen Schienenbahn der Welt durch Siemens – die erste Grubenlokomotive der AEG (Bild 103). Sie war von vornherein für Oberleitungsbetrieb konstruiert und für die Erzgrube »Hollertszug« im Siegerland bestimmt. Mit dieser Konstruktion folgte die AEG dem damaligen Trend nach kleinen elektrischen Grubenlokomotiven, doch lag es auf der Hand, daß dies nur ein Anfang sein konnte und die Entwicklung in Richtung Vollbahnlokomotive nur eine Frage der Zeit war. Das bedingte, frühzeitig die Voraussetzungen hierfür zu schaffen, zumal sich in der näheren Umgebung der Apparatefabrik im Laufe der Zeit die Möglichkeit eines günstigen Grunderwerbs anbot.
Der bekannte Eisenbahnunternehmer Dr. Strousberg hatte einst in der Gegend des Gesundbrunnens den ersten Berliner Viehmarkt mit Schlachthäusern als Aktiengesellschaft ins Leben gerufen und diese Anlage durch eine Zubringerbahn mit der Berlin-Stettiner Eisenbahn verbunden. Als im Mai 1881 die Stadt Berlin einen eigenen Vieh- und Schlachthof in der Gemarkung Weissensee eröffnete und dessen Gleisnetz an die Niederschlesisch-Märkische Eisenbahn anband, verlor der bisherige Schlachthof am Humboldt-

hain an Bedeutung. Neben Banken und der Berliner Lagerhof AG zeigte auch die AEG großes Interesse, das vor allem jenem Teil des Geländes galt, der durch Dr. Strousberg einen Bahnanschluß erhalten hatte (Abb. 11).

So kam es 1895 zum Erwerb eines zwischen Humboldthain und Brunnenstraße gelegenen Areals, wobei in die Planung der Werksanlagen von vornherein der Bau von elektrischen Schienenfahrzeugen mit einbezogen war. Gegenüber dem östlichen Flügel der Großmaschinenfabrik entstand neben der Schmiede die erste Lokomotivbauanstalt der AEG (Bild 104). Hier wurden die ersten elektrischen Vollbahnlokomotiven der AEG gebaut, von denen zwei Ausführungen aus jener Zeit Erwähnung finden sollen.

Die eine von ihnen war eine zweiachsige, normalspurige Rangierlokomotive, die unter Fabriknummer 116 im Jahre 1898 die Fabrik verließ. Sie war für die preußische »Eisenbahn-Werkstätteninspektion Gleiwitz« in Oberschlesien bestimmt, die der KED Kattowitz unterstand, weshalb die Maschine die Betriebsnummer »1 Kattowitz« erhielt. Über sie ist in der einschlägigen Literatur eingehend berichtet worden, weshalb wir uns nunmehr einer anderen Ausführung zuwenden wollen.

Diese für Neben- und Industriebahnen konstruierte zweiachsige Gleichstromlokomotive wurde unter Fabriknummer 114 auf der Pariser Weltausstellung im Jahre 1900 mit dem Großen Preis ausgezeichnet (Abb. 105). Dabei betrug ihre Leistung nur 132 kW bei 500 V und einer Geschwindigkeit von 50 km/h. Immerhin hatte aber die AEG nunmehr auf dem Gebiet elektrisch betriebener Schienenfahrzeuge neben Siemens sich einen erfolgreichen Platz erkämpft. Dafür waren die Schnellfahrten auf der Preußischen Militäreisenbahn, mit der wir uns bereits im vorigen Kapitel beschäftigt haben, ein vollgültiger

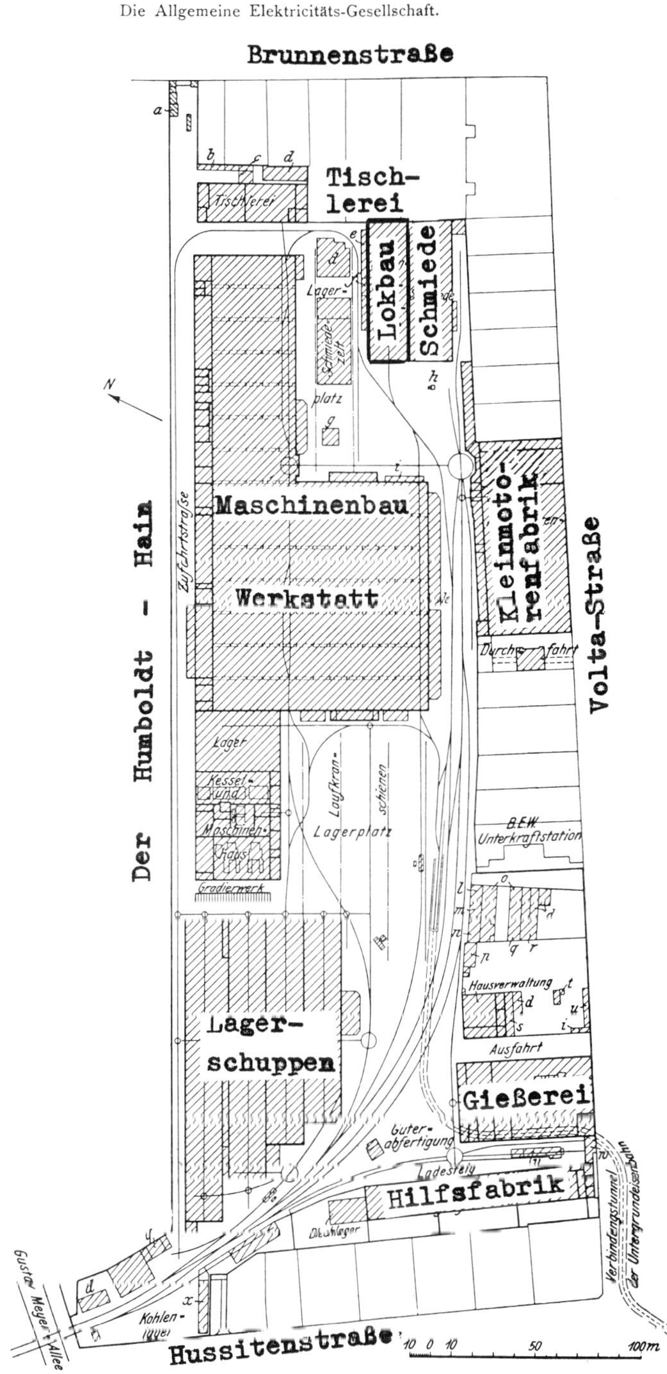

Abb. 104 Lageplan der AEG Maschinenfabrik Brunnenstraße in Berlin.

Abb. 105 Erste-Vollbahn-Gleichstrom-Lokomotive der AEG. Baujahr 1900. (Archiv Pierson)

Beweis. Der AEG-Schnelltriebwagen unterschied sich im übrigen rein äußerlich durch die Anordnung der Stromabnehmer (Abb. 106), die gegenüber dem Wagen von S & H hintereinander angeordnet waren und durch eine Kettenradübertragung zusammen vom Wageninnern aus an die Fahrleitung angelegt werden konnten. Am 28. Oktober 1903 erreichte dieser Wagen während der Fahrversuche der »Studiengesellschaft« die höchste zu erzielende Geschwindigkeit von 210 km/h im Vergleich zum Siemens-Wagen, der am 25. November »nur« 209 km/h fuhr.

Die Schnellbahnversuche mit bis zu 14000 V Drehstrom hatten eindeutig ergeben, daß die hierfür benötigte Fahrleitung für Vollbahnen zu kompliziert und daher im praktischen Eisenbahnbetrieb nicht verwendbar war. Dagegen bewährte sich der Winterberg-Eichbergmotor für Einphasen-Wechselstrom, 6000 V, 25 Hz, der von der AEG auf der Versuchsstrecke Niederschöneweide-Spindlersfeld bei Berlin ausprobiert wurde. Die preußische Staatsbahnverwaltung be-

Abb. 106 AEG-Schnelltriebwagen der „Studiengesellschaft". Baujahr 1902 (im Hintergrund der Siemens-Wagen) während der Versuche auf der Militärbahn. (AEG-Archiv)

auftragte daraufhin im Jahre 1907 die AEG mit dem Bau der ersten Einphasen-Wechselstrom-Lokomotive für die nördlich von Berlin gelegene Oranienburger Versuchsbahn, auf der die verschiedenen Arten von Oberbau und Fahrzeugen Dauerversuchen unterworfen wurden.

(Abb. 107). Damit erhielt die Lokomotive die Achsanordnung A1 + Bo; ihre Leistung betrug 765 kW bei einer Fahrgeschwindigkeit von 28 km/h und einer Zugkraft von 10000 kg am Treibradumfang. Die Höchstgeschwindigkeit der Maschine betrug 50 km/h.

Abb. 107 Erste Einphasenwechselstrom-Lokomotive A1+Bo der Preußischen Staatsbahn. Baujahr 1907 (AEG-Archiv)

Diese vierachsige Lokomotive bestand aus zwei kurz gekuppelten Hälften. Nur drei Achsen wurden von je einem Fahrmotor in Tatzlagerbauart mit einseitigem Zahnradvorgelege angetrieben

Die Lokomotive hat auf der Rundbahn bei Oranienburg im täglichen Dauerbetrieb von 20 Stunden über 300000 km zurückgelegt und stand von 1912 bis 1932 auf der Hafenbahn in Hamburg-

Abb. 108 Güterzuglokomotive B'B', Gattung EG der Preußischen Staatsbahn. Betr.-Nr. Halle 511 (AEG-Archiv)

Altona in Dienst. Sie wurde dann im Verkehrsmuseum Nürnberg aufgestellt, fiel jedoch bei der Verlagerung während des zweiten Weltkrieges einem Brand zum Opfer.
Am 19. Januar 1911 wurde auf der Strecke Dessau-Bitterfeld der erste elektrische Vollbahnbetrieb in Preußen eröffnet, nachdem die deutschen Staatseisenbahnverwaltungen ein Übereinkommen untereinander sowie mit der Schweiz, Österreich, Schweden und Norwegen getroffen hatten, als Einheitsstromart für ihre Fernbahnen Einphasen-Wechselstrom $16^2/_3$ Hz und 15 kV zu verwenden. Die AEG lieferte für den Betrieb zwischen Dessau und Bitterfeld zwei Lokomotiven, die beide gute Resultate ergaben. Die eine von ihnen war eine 2'B 1'-Schnellzuglokomotive, Gattung ES 2, mit senkrechter Treibstange und Kuppelstangen, eine Bauart, die nur bei den ersten Schnellzugmaschinen dieser Strecke Anwendung fand. Die zweite Lokomotive war eine Güterzugmaschine, Gattung EG 502 mit Blindwelle und schräg angeordneter Treibstange. Diese Bauart mit hochgelegtem Motor wurde in den ersten Jahren vielfach verwendet.
Das Jahr 1914 war für den AEG-Lokomotivenbau in zweifacher Hinsicht interessant. So erhielt sie den ersten Großauftrag auf elektrische Lokomotiven, und zwar 27 B'B'-Güterzuglokomotiven für das mitteldeutsche Streckennetz der preußischen Staatsbahnen, Gattung EG, Betriebsnummer 511 bis 537 der KED Halle (Abb. 108). Die ersten drei Maschinen dieser Bauart wurden

noch vor Beginn des ersten Weltkrieges in der Maschinenfabrik Brunnenstraße gebaut. Bei dieser Konstruktion wurde der Antrieb mit hochliegendem, langsam laufenden Fahrmotor und Blindwelle verlassen. Vielmehr arbeitete der im Drehgestell halbhoch gelagerte Gestellmotor mit beiderseitig schräg verzahntem Vorgelege auf die Blindwelle, von der wegen ihrer überhöhten Lage gegenüber den Achsmitten das Drehmoment auf die Räder durch eine Schlitzkuppelstange übertragen wurde. Der aus einem Stück gegossene Stahlgußrahmen des Drehgestells bildete zugleich den unteren Teil des Motorgehäuses und bot eine starre Verbindung zwischen Motorwelle, Blindwelle und Radsätzen, die für das genaue Arbeiten des Triebwerkes wichtig sind. Der vereinigte Zahnrad- und Stangenantrieb wurde in den verschiedensten Ausführungen noch bei vielen anderen Lokomotiven verwendet.

Abb. 109 Triebgestell für die elektrische Zugförderung auf der Berliner Stadtbahn. Betr.-Nr. EB 2 Berlin. (Gebaut 1914) (AEG Archiv)

Und damit kommen wir zu einer zweiten Konstruktion, die zwar keine Lokomotive in herkömmlichem Sinne darstellt; ihrem Wesen nach jedoch als eine solche angesehen werden kann. In den Jahren 1910 bis 1913 beherrschte die Auseinandersetzung um die Elektrifizierung der Berliner Stadt-, Ring- und Vorortbahnen die Szene, und zwar nicht nur in der Berliner Öffentlichkeit sondern weit darüber hinaus in der gesamten eisenbahntechnischen Fachwelt. Es gab da eine, 1910 von der AEG an die Lötschbergbahn gelieferte Probelokomotive mit der Betriebsnummer 101 und der Achsanordnung 1'B + B1', die sich aber dort nicht behaupten konnte und von der preußischen Staatsbahnverwaltung im Jahre 1912 für Versuche mit Stadtbahnzügen erworben wurde, weil sie für diesen Zweck den Vorzug hatte, in zwei Hälften geteilt zu werden, um sie vorn und hinten an den Zug zu kuppeln.

Dann aber wandte man sich einem Projekt zu, das sog. Triebgestelle vorsah, die mit Zahnradvorgelege anstelle des unmittelbaren Stangenantriebs arbeiteten und gleichfalls mit Einphasen-Wechselstrommotoren ausgerüstet waren. Dabei ging man sowohl von zwei- wie auch dreiachsigen Triebgestellen aus, die vor dem normalen Stadtbahnzug gespannt, vom ersten Wagen aus gesteuert wurden. Die AEG erhielt im Jahre 1913 einen Auftrag über derartige Einheiten und ein Jahr später wurden zunächst drei zweiachsige Triebgestelle für die Stadtbahnversuchszüge gebaut (Abb. 109). Eine Nachbestellung von weiteren 11 Triebgestellen erfolgte im Jahre 1920. Als man jedoch bei der endgültigen Planung das Wechselstromsystem fallen ließ und sich für die spätere Berliner S-Bahn für Gleichstrom 800 V mit Stromschiene und Triebwagenzügen entschied, waren die Triebgestelle bereits soweit in der Fabrikation fortgeschritten, daß man, um sie weiterverwenden zu können, fünf Lokomotiven der damaligen Deutschen Reichsbahn-Gesellschaft mit der Reihenbezeichnung EP 215–219 unter Benutzung von je zwei Triebgestellen baute.

Diese Lokomotiven wurden aber nicht mehr in der Brunnenstraße gebaut. Bis dahin waren, wie bei Siemens, die Fahrzeugteile von einschlägigen Lokomotivfabriken an die AEG geliefert und von ihr zu kompletten Lokomotiven ausgerüstet worden. Doch die Bahnabteilung unterhielt bereits vor dem ersten Weltkrieg ein eigenes Konstruktionsbüro auch für den mechanischen Teil elektrischer Lokomotiven. Bei dem wachsenden Geschäft auf diesem Sektor konnten jedoch die Vorteile engerer Zusammenarbeit zwischen den Konstrukteuren des mechanischen und des elektrischen Teils unter einheitlicher Leitung nur in einer eigenen Lokomotivfabrik wahrgenommen werden. So entschloß sich die AEG im Jahre 1913 zum Bau ihrer großen Lokomotivfabrik in Hennigsdorf, Kreis Osthavelland, nördlich von Berlin, die zunächst ausschließlich für den Bau elektrischer Lokomotiven bestimmt war, dann aber, nach dem Krieg, auch den Bau von Dampflokomotiven aufnahm. Dieser Entschluß hat sich in den folgenden Jahrzehnten als richtig erwiesen (Abb. 110 und 111).

Hier in Hennigsdorf wurden im Jahre 1919 die restlichen 24 Einheiten B'B'-Güterzuglokomotiven für die preußische Staatsbahnverwaltung, Gattung EG, Betriebsnummer Halle 514 bis 537 (Abb. 108) fertiggestellt. Im gleichen Jahr wurden die Vorbereitungen für den Dampflokomotivenbau aufgenommen, bedingt durch den riesigen Lokomotivausfall der deutschen Länderbahnen infolge kriegsbedingter Beanspruchungen sowie Abgabe von 5000 Lokomotiven an die Entente aufgrund des Waffenstillstandsvertrages vom 11. November 1918 im Salonwagen des Marschall Foch im Wald von Compiègne.

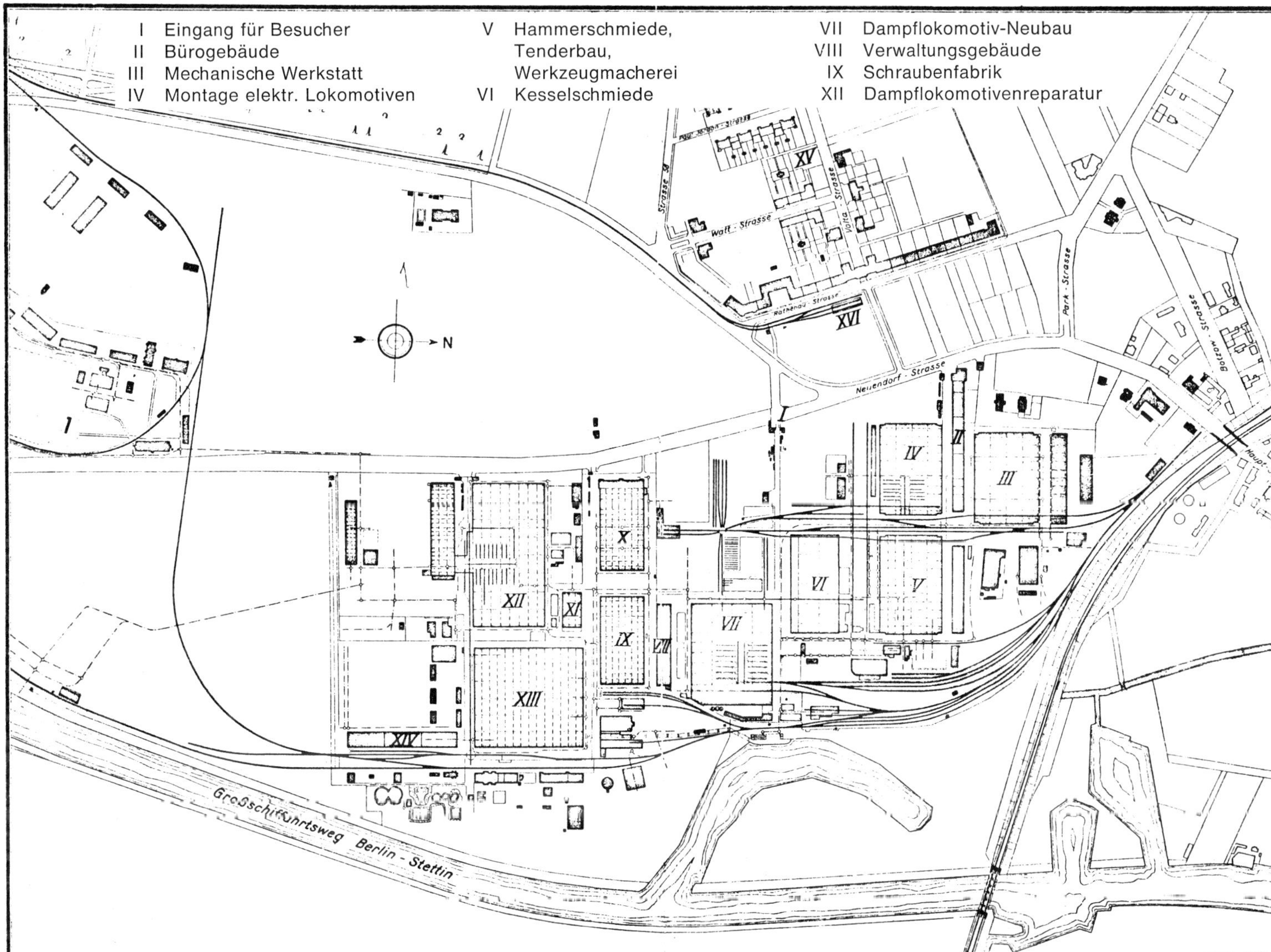

Abb. 110 Lageplan der AEG Lokomotivfabrik Hennigsdorf.

Der Dampflokomotivbau begann zunächst mit Reparaturarbeiten und Wiederherstellung stark beschädigter Maschinen; um auf diese Weise Arbeit für die Heimkehrer aus den zurückflutenden Heeresverbänden zu schaffen.

Doch bereits ein Jahr später nahm die AEG den eigentlichen Neubau von Dampflokomotiven auf. Mitte November 1920 verließ die erste AEG-Dampflokomotive unter Fabriknummer 2110 das Werk. Es war eine 1'E h3 Güterzuglokomotive der Preußischen Staatsbahnverwaltung, Gattung G 12, für die Eisenbahndirektion Magdeburg, Betriebsnummer 5561 (Abb. 112). Mit ihr begann ein Vierteljahrhundert AEG-Dampflokomotivbau, der nicht nur beträchtliche Lieferungen an die damalige Deutsche Reichsbahn-Gesellschaft, bis 1945 Deutsche Reichsbahn, umfaßte, sondern auch einen weitgespannten Bogen zahlreicher

Abb. 111 **Blick in die Lokomotivmontage der AEG-Lokomotivfabrik Hennigsdorf (AEG-Archiv)**

Abb. 112 **Erste AEG-Dampflokomotive, Fabr.-Nr. 2110. 1'E-h3-Güterzuglokomotive der Preußischen Eisenbahn-Verwaltung, Gattung G 12. Betr.-Nr. Magdeburg 5561, gebaut 1920. (AEG-Archiv)**

Sonderkonstruktionen für in- und ausländische Bahnen aufwies. Natürlich befand sich unter den Reichsbahnlieferungen auch die am weitesten bekannte Lokomotivgattung der Preußischen Staatsbahnen mit Schlepptender, die unvergeßliche P 8. Eine dieser 2'C-h2-Personenzugmaschinen, die im Jahre 1921 unter Fabriknummer 2120 an die Eisenbahndirektion Erfurt mit der Betriebsnummer 2581 abgeliefert wurde, bringen wir in Abb. 113. Das Kesselschild einer anderen P 8 zeigt Abb. 114. Es ist deshalb bemerkenswert, weil diese Maschine, die der Direktion Elberfeld unter Betriebsnummer 3097 angehörte, erst fünfzig Jahre später ausgemustert wurde (!).

Der Dampflokomotivbau, der hinsichtlich seines Fahrzeugteils auch der Technologie für elektrische Lokomotiven zugute kam, wirkte befruchtend auf die Entwicklung neuer Herstellungsverfahren bei der AEG. Es wurden neue Meßverfahren entwickelt; die Herstellung kupferner Stehbolzen erregte in Fachkreisen Aufmerksamkeit, ebenso wie die Entwicklung und der Bau von elektrischen Lokomotivbeleuchtungen für Dampflokomotiven. Die größte und in der Fachwelt wohl bekannteste Entwicklungsarbeit auf dem Gebiet des Dampflokomotivbaues war zweifellos die Kohlenstaubfeuerung. Auf sie soll daher im folgenden kurz eingegangen werden.

Am 2. Juli 1923 wurden im damaligen Reichsbahn-Zentralamt in Berlin zwischen Vertretern der Lokomotivindustrie, der Braunkohlensyndikate und namhaften Experten der Deutschen Reichsbahn-Gesellschaft, wie Oberbaurat Wagner, Professor Nordmann und Dr. Landsberg, Möglichkeiten einer Kohlenstaubfeuerung auch auf deutschen Lokomotiven erörtert, nachdem bereits derartige Feuerungen insbesondere in Amerika und Brasilien praktisch erprobt worden waren. Aus der erwähnten Besprechung heraus

Abb. 113 2'C-h2-Personenzuglokomotive, Gattung P 8, der Preußischen Eisenbahnverwaltung. Betr.-Nr. Erfurt 2581, gebaut 1921. Fabr.-Nr. AEG 2120. (AEG-Archiv)

Abb. 114 AEG-Fabrikschild am Kessel der 2'C-h2-Personenzug-Lokomotive, Gattung P 8. Betr.-Nr. Elberfeld 3097 der Preußischen Eisenbahnverwaltung. (Archiv Pierson)

Abb. 115 Versuchsstand für die AEG-Kohlenstaubfeuerung auf Dampflokomotiven. (Foto: Pierson)

entwickelte sich in der Folgezeit die »Studiengesellschaft für Kohlenstaublokomotiven«, kurz STUG genannt, an der sich neben einer Anzahl von Lokomotivfabriken auch die Braunkohlensyndikate beteiligten. Als Entwicklungsfirma wurde die Lokomotivfabrik Henschel & Sohn ausersehen.

Ein Jahr später entschloß sich die AEG, als Einzelunternehmen gleichfalls eine derartige Feuerung zu entwickeln, und das umso mehr, als sie bereits auf dem Gebiet stationärer Kohlenstaub-Feuerungsanlagen im Rahmen der Projektierung und Errichtung von Kraftwerken über ausgedehnte Erfahrungen verfügte. Es wurde ein stationärer Versuchsstand auf dem Gelände der Lokomotivfabrik Hennigsdorf geschaffen (Abb. 115), auf dem in jahrelanger Arbeit die Grundzüge der AEG-Kohlenstaubfeuerung für Lokomotiven zur Entwicklung kamen, und zwar nicht nur im Hinblick auf Maschinen der Deutschen Reichsbahn-Gesellschaft sondern auch zur Verwendung im Ausland. Der Verfasser hat im Halbdunkel dieses Versuchsstandes an den Untersuchungen teilgenommen und dabei eine eigene Theorie der Schlackenbeobachtung im Feuerraum nach Lage, Umfang und Färbung entwickelt, aus der heraus sich die einzelnen Phasen des Verbrennungsvorganges deutlich abzeichneten.

Da Mitte der zwanziger Jahre die AEG in ihrem Bauprogramm eine Anzahl ehemaliger preußischer G 8^2-Lokomotiven hatte, wurden zwei dieser Neubaumaschinen mit der AEG-Kohlenstaubfeuerung ausgerüstet und auf der Berliner Nordbahn als Vorspann vor Güterzügen bis hin nach Fürstenberg (Mecklenburg) ausprobiert (Abb. 116).

Im Sommer 1928 wurde die erste AEG-Kohlenstaublokomotive für die Deutsche Reichsbahn-Gesellschaft, Betriebsnummer 56 2906, im Versuchsamt Grunewald eingehenden Meßfahrten unterzogen und anschließend mit ihrer Schwestermaschine 56 2907 an das Bahnbetriebswerk (G) in Halle (S) zur Verwendung im normalen Güterzugdienst überwiesen. Inzwischen hatte die AEG über die Firma Süß in Budapest, Generalvertreterin für Lokomotivausrüstungen in Ungarn, zwei Kohlenstaubfeuerungen an die Ungarischen Staatsbahnen geliefert, die dort vom Autor montiert und im praktischen Fahrbetrieb erprobt wurden. Die Versuche wiesen den Weg zu neuen Entwicklungen in Hennigsdorf. Das Resultat war der Einbau einer verbesserten Ausführung in zwei von der Reichsbahn hierfür zur Verfügung gestellten 1'E-h3-Güterzuglokomotiven, Betriebsnummer 58 1416 und 58 1894 von denen erstere im Jahre 1930 auf der Zweiten Weltkraftkonferenz in Berlin vorgestellt wurde. Auch zwei 1D-h2-Güterzugmaschinen, Betriebsnummer 56 2130 und 56 2801, erhielten Kohlenstaubfeuerung. Anschließend lieferte die AEG noch eine Ausrüstung an die Southern Railway in England zusammen mit einer Kohlenstaub-Aufbereitungsanlage, die beide gleichfalls vom Autor montiert und in Betrieb genommen wurden.

Abb. 116 1D-h2-Güterzuglokomotive Nr. 56 2906 der Deutschen Reichsbahn-Gesellschaft mit AEG-Kohlenstaubfeuerung. Gebaut 1927. (Foto: Pierson)

Das Jahr 1930 war der Höhepunkt der Entwicklungsarbeiten auf diesem Gebiet, insbesondere, weil auf dem Versuchsstand (Abb. 115) auch für eine Reihe ausländischer Bahnverwaltungen Kohlenstaubsorten aus den jeweiligen Staaten auf ihre Verwendbarkeit hin untersucht wurden. Es stand zu erwarten, daß als nächstes in der Mongolei die AEG-Feuerung Eingang finden würde. Die zu Beginn der dreißiger Jahre einsetzende Wirtschaftskrise machte jedoch allen Plänen ein Ende. Wie umfassend sich jedoch bis zu diesem Zeitpunkt der AEG-Dampflokomotiv-

Abb. 117 Bildübersicht über die Verbreitung von AEG-Dampflokomotiven. (Archiv Pierson)

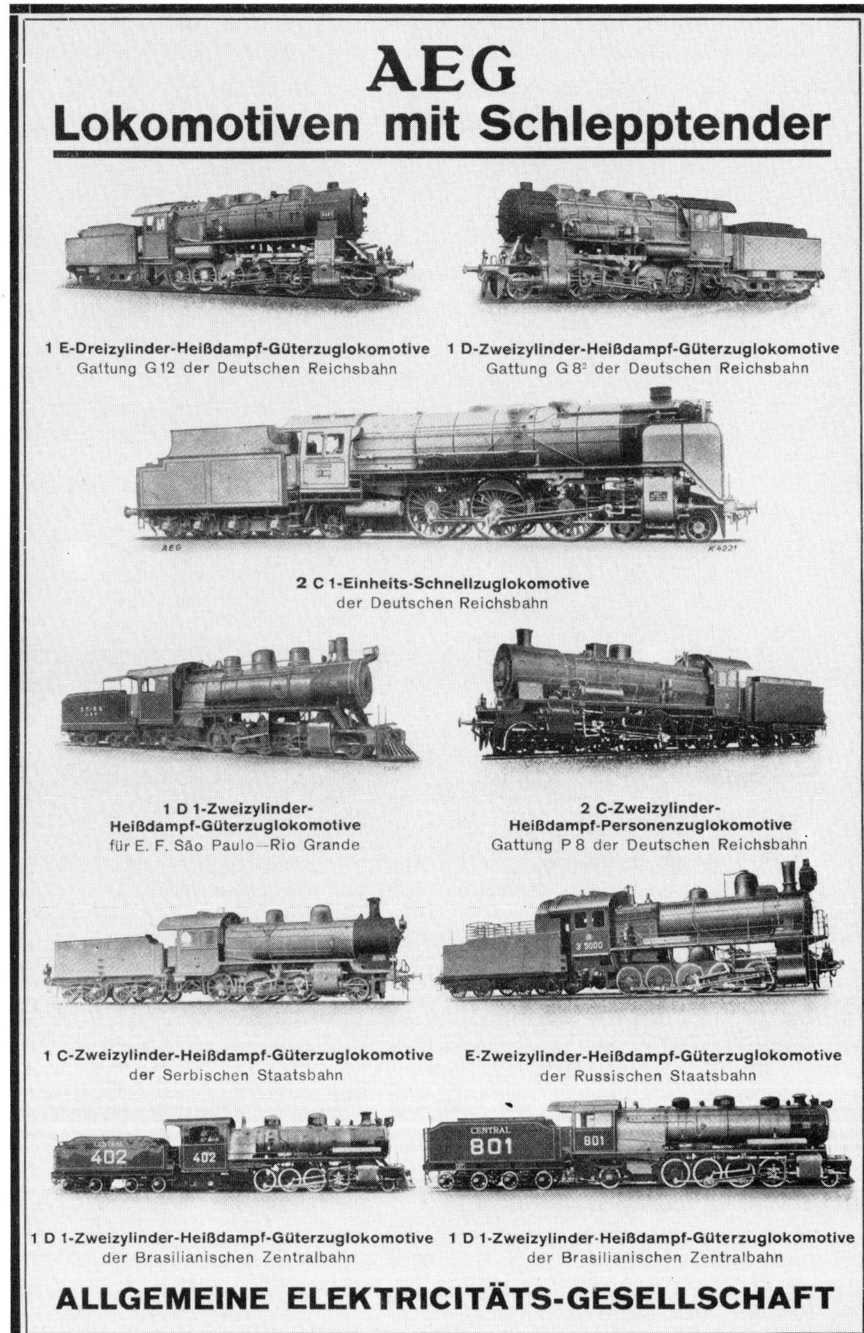

bau in der Welt eingeführt hatte, bevor es zu einem Zusammenschluß mit Borsig kam, läßt eine bildliche Zusammenstellung von Schlepptenderlokomotiven aus Hennigsdorf erkennen (Abb. 117).

Und damit kehren wir wieder zur Produktion teile für Konstruktion und Laufeigenschaften der Lokomotiven, er hatte aber vor allem den Nachteil größeren Gewichts und höherer Reparaturkosten. Dies war der Anlaß, zum Einzelantrieb zurückzukehren. Ein Jahrzehnt lang entwickelte die AEG derartige Bauformen, so u. a. ihre erste

Abb. 118 Leichte Schnellzuglokomotive 1'Co1', Reihe 04, der Deutschen Reichsbahn. Gebaut 1933. (AEG-Archiv)

elektrischer Lokomotiven zurück. Wir hatten zuletzt die Nachbauten der B'B'-Güterzuglokomotiven für die preußische Staatsbahnverwaltung, Gattung EG, im Jahre 1919 kennen gelernt. Die Deutsche Reichsbahn-Gesellschaft als Nachfolgerin der Länderbahnen gab im Jahre 1922 viele elektrische Vollbahnlokomotiven in Auftrag, so 16 schwere Güterzuglokomotiven der Reihe 91, Bauart C'C' sowie 18 halbschwere Personenzuglokomotiven, 2'BB2' Reihe 52, die wir bereits bei Siemens angetroffen haben.

Der Stangenantrieb hatte zwar bestimmte Vor- Schnellzuglokomotive 2'Do 1', Reihe 21 mit 110 km/h Höchstgeschwindigkeit, die das auf dem verstärkten Oberbau zugelassene Reibungsgewicht von 20 t voll ausnutzte. Sie wurde zum Vorläufer einer Vielzahl von Schnellzuglokomotiven leichterer Bauart der Achsfolge 1'Do 1' als Reihe E 17, die gemeinsam mit den Siemens-Schuckert-Werken geliefert wurden.

Im Bestreben nach höherer Leistung bei vermindertem Gewicht und wirtschaftlicher Lagerhaltung von Ersatzteilen wurden auch bei den elektrischen Lokomotiven der Deutschen Reichsbahn-

Abb. 119 Verschiebelokomotive —C— Reihe E 63 der Deutschen Reichsbahn. Baujahr 1936. (AEG-Archiv)

Gesellschaft Maßnahmen zur Vereinheitlichung ergriffen, und Einheitsbauarten entwickelt, von denen drei nach Entwürfen der AEG gebaut wurden. Die leichte Schnellzuglokomotive 1'Co 1' der Baureihe E 04 beispielsweise (Abb. 118) erreichte bei Meßfahrten im Sommer 1933 auf der Strecke München—Ulm—Stuttgart mit einem D-Zug von 309 t Anhängelast Geschwindigkeiten bis zu 151 km/h. Die bekannte Geislinger Steige zwischen Ulm und Stuttgart mit 112 m Höhenunterschied auf 5 km wurde in 260 Sekunden durchfahren.

Dieser leichten Ausführung stand die schwerere 1'Do 1'-Schnellzuglokomotive der Reihe E 18 für ein Vmax = 140 km/h gegenüber, bei der zum ersten Mal eine windschnittige Bauform angewendet wurde. Bei einem Dienstgewicht von 109 t betrug die Dauerleistung 2840 kW. Um mit nur zwei Laufachsen auszukommen, wurde die Lokomotive in sog. Leichtbauweise ausgeführt, wobei der Rahmen geschweißt war. Sie wurde in den Jahren 1935 bis 1940 gebaut und fand sowohl auf deutschen wie auch auf österreichischen Strecken Verwendung. Mit einer von ihnen war die Deutsche Reichsbahn im Jahre 1937 auf der Weltausstellung in Paris vertreten, wo die Maschine mit drei großen Preisen sowie zwei Ehrenurkunden ausgezeichnet wurde.

Trotzdem gab es Spitzenanforderungen, für die diese vorzügliche Bauart nicht ausreichte, sodaß die AEG eine noch stärkere Schnellzuglokomotive gleicher Achsfolge mit einem Dienstgewicht von 113 t als Reihe 19 entwickelte und die erste von ihnen am 15. Dezember 1938 mit der Fabriknummer 5000 der Deutschen Reichsbahn übergab (Abb. 120). Sie sollte die Fern-D-Züge auf der Strecke München–Berlin mit einem Zuggewicht von 360 t mit einer Höchstgeschwindigkeit von 180 km/h im Flachland befördern und die Rampe des Thüringer Waldes bei einer Steigung von 25‰ ohne Anhalten und ohne Nachschieben bewältigen. Die Probefahrten und vieljährige Betriebserfahrungen haben in vollem Umfange die Erwartungen erfüllt, die man in die insgesamt zwölf gelieferten Maschinen gesetzt hatte.

Für einen richtigen Lokomotivfan sind nicht einmal immer die Giganten der Schiene das Reizvollste seiner Pirsch. Oft üben Maschinen auf Neben- und Kleinbahnen oder Rangiermaschinen eine größere Anziehungskraft aus, vor allem, wenn es nur einige wenige gibt. Das trifft u. a. auch für die dreiachsige –C– Verschiebelokomotive zu, die in den Jahren 1935 bis 1938 in acht Einheiten als E 63 von der AEG gebaut wurden (Abb. 119). Sie besaß den Schnellzugmotor der Reihe 04, jedoch mit größerer Übersetzung und entwickelte dabei eine größte Zugkraft von 17000 kg; ihre Höchstgeschwindigkeit betrug 45 km/h.

Der Zweite Weltkrieg verlangte auch von den elektrisch betriebenen Strecken der Deutschen Reichsbahn höchste Transportleistungen. Vom Jahre 1940 ab lieferte die AEG bis Kriegsende

Abb. 120 Schnellzuglokomotive 1'Do1', Reihe E 19, der Deutschen Reichsbahn, gebaut 1938. Fabr.-Nr. AEG 5000. (AEG-Archiv)

Abb. 121 Schwere Güterzuglokomotive Co'Co', der Reihe E 94 der Deutschen Reichsbahn. Baujahr 1940 (AEG-Archiv)

insgesamt 48 Stück Co'Co'-Lokomotiven der Baureihe E 94 (Abb. 121) zur Beförderung schnellfahrender Güterzüge und schwerer Personenzüge mit einer Dauerleistung von 3000 kV bei 71 km/h. Nach dem Bauprogramm beförderte die Lokomotive 1600 t Anhängelast auf einer Steigung von 10‰ und 600 t auf einer Steigung von 25‰ mit einer Geschwindigkeit von 50 km/h. Obwohl ursprünglich nur für die deutschen Gebirgsstrecken ausgelegt, bewährten sich die Maschinen, von denen bis 1945 insgesamt 48 Stück gebaut worden waren, auch auf den viel längeren Steigungen und Steilrampen am Brenner, am Arlberg und auf der Tauernbahn. Die letzten von ihnen wurden als E 94151 bis 159 in den Jahren 1944 und 1945 geliefert, d. h. also, als sich die Ostfront bereits dem Raum Berlin näherte. Die E 94144 wurde durch Kriegseinwirkung zerstört; ihre Schwestermaschine 145 stark beschädigt und später wiederhergestellt.

Wie die Lokomotivfabrik von Orenstein & Koppel in Drewitz, so wurde auch die AEG-Lokomotivfabrik in Hennigsdorf nach dem Kriege enteignet und zu einem volkseigenen Betrieb, der unter der Bezeichnung »VEB Lokomotiv-Elektrotechnische Werke Hennigsdorf« die Tradition des Baues elektrischer Lokomotiven, hauptsächlich für den Export, fortsetzte. Für die jetzige Deutsche Reichsbahn in der DDR übernahm das Werk in den sechziger Jahren den Bau von Diesellokomotiven, vornehmlich der Gattung V 60 mit Flüssigkeitsgetriebe, und lehnte sich damit in etwa dem einstigen Produktionsprogramm der früheren AEG-Lokomotivfabrik zeitweise wieder an. Trotzdem kann man von einer Weiterführung des Berliner Lokomotivbaus nicht mehr sprechen.

Zwischen Nord- und »Heidekrautbahn«

Vor hundert Jahren wurde mit dem Bau der – zunächst eingleisigen – Berliner Nordbahn als Direktverbindung zwischen der Reichshauptstadt und dem Ostseehafen Stralsund begonnen, der bisher auf dem Schienenweg nur, wenn auch auf Umwegen, über die Berlin–Stettiner Eisenbahn erreichbar war. Die neue Linienführung nahm ihren Ausgang von dem an der Schwedter Straße in Berlin gelegenen Nordbahnhof und verließ bei Rosenthal und Wilhelmsruh das Weichbild der Stadt, um über Oranienburg – Strelitz und Neubrandenburg das Großherzogtum Mecklenburg bis zur Ostsee hin zu durchqueren. Um die Jahrhundertwende bot die nördliche Randbebauung Berlins den Anreiz, von hieraus eine Privatbahn zu den ausgedehnten Wäldern der Schorfheide anzulegen, die in dem bei Rosenthal aufstrebenden Ortsteil Wilhelmsruh begann und im Volksmund die »Heidekrautbahn« hieß. Und hier, in einem von den Bahndämmen der Nordbahn und späteren Niederbarnimer Eisenbahn gebildeten Winkel entstand eines Tages das Berliner Industriezentrum der »Bergmann-Elektricitäts-Werke AG«, mit dem wir uns nun als letzter Lokomotivfabrik Berlins beschäftigen wollen.

Der Begründer des dritten großen deutschen Elektrokonzerns, Sigmund Bergmann, wurde am 9. Juni 1851 in Mühlhausen in Thüringen geboren und ging 1870 nach Amerika, um dort, seinen Neigungen zur Elektricität folgend, zu lernen und zu arbeiten. Er wurde ein enger Mitarbeiter und Vertrauter von Thomas Edison. Noch während seines Aufenthaltes in den USA gründete er Ende des vorigen Jahrhunderts zusammen mit einem Sebastian Runk aus New York in Berlin die »Offene Handelsgesellschaft Sigmund Bergmann & Co«, und legte hier im Frühjahr 1890 den Grundstein zu seiner ersten Fabrik für Isolier- und Leitungsrohre sowie elektrische Spezialartikel in der Seestraße Ecke Hennigsdorfer Straße. Bergmann kehrte nach Europa zurück. 1893 wurde aus der Offenen Handelsgesellschaft die »Sigmund Bergmann & Co AG«; 1897 entstand als zweites Unternehmen die »Bergmann Elektromotoren und Dynamowerke AG« auf einem nebenan befindlichen Fabrikgrundstück, das von der Hennigsdorfer- und Oudenarderstraße begrenzt wurde. Im Jahre 1900 fusionierten beide Aktiengesellschaften zur »Bergmann Elektricitäts-Werke AG«, deren Generaldirektor Sigmund Bergmann wurde.

Dabei kamen ihm die in Amerika verbrachten Jahre und die dort angeknüpften Beziehungen, insbesondere das partnerschaftliche Verhältnis zur amerikanischen Westinghouse Compagny für seine späteren Pläne auf dem Sektor Bahn- und Schienenfahrzeugbau sehr zustatten. Im Jahre 1904 nahm die Firma die Produktion von Glühlampen auf; sie erweiterte den Maschinenbau auf das Gebiet der Dampfturbinen. Hierdurch ergab sich die Notwendigkeit, für die neue Fertigung zusätzliche Werkhallen zu errichten, was auf dem bisherigen Grund und Boden jedoch nicht möglich war. Kurz entschlossen erwarb Bergmann im Jahre 1906 in der Gemarkung Rosenthal ein genügend großes Gelände entlang der Nordbahn (Abb. 122) und errichtete dort zunächst ein Metallwerk, um sich hierdurch von fremden Erzeugern unabhängig zu machen. Im Laufe der Zeit wurden die Fabrikationszweige Maschinenbau, Turbogeneratoren und Zentrifugalpumpen aus der Innenstadt nach draußen verlegt.

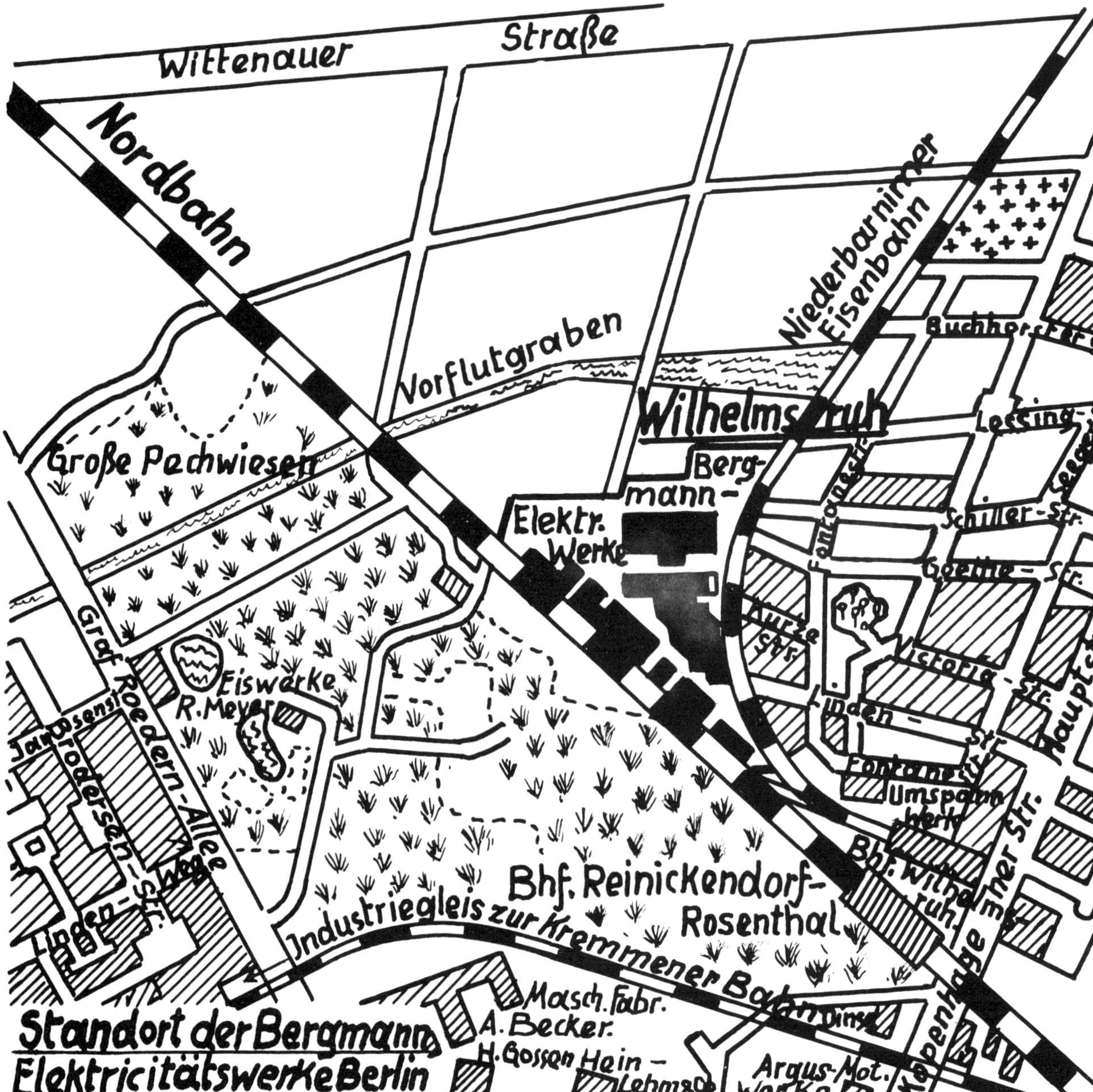

Abb. 122 Standort der Bergmann-Elektrizitäts-Gesellschaft Berlin.

Ein Jahr später begannen die »Bergmann-Elektricitätswerke AG« sich mit dem Bau von Fahrzeugen zu befassen, nachdem die AEG bereits im Jahre 1901 ein Tochterunternehmen, die NAG, für die Herstellung von Benzin- und elektrischen Automobilen ins Leben gerufen hatte. Diesem Trend folgend begann auch Bergmann mit seinem Automobil, Marke »Protos«, sowie mit seinen »Elektromobilen«, und es war für die Berliner und nicht zuletzt für den Autor, eine Sensation zu sehen, wie plötzlich alte vertraute Pferdedroschken ohne Pferde die Straße entlang fuhren. Doch diese Wagen hielten sich nicht lange im Straßenbild, da ihr Aussehen höchsten Orts starkes Mißfallen erregte.

Im Jahre 1907 bestanden im Hauptwerk Rosenthal die Abteilungen Metallwerk und Schwermaschinenbau (Turbinen, Schiffsturbinen- und elektrische Ausrüstungen – Automobilbau). Hinzu kam die für uns wichtigste Abteilung BAHNBAU für Projektierung und Bau elektrischer Bahnanlagen sowie Konstruktion und Bau von elektrischen Lokomotiven und Akkumulatoren-Triebwagen. Noch im gleichen Jahr erfolgte die erste Lieferung von ihnen an die Kgl. Preußischen Staatsbahnen. Es waren Doppeltriebwagen nach Plänen des Regierungsbaurats Wittfeld im Ministerium für öffentliche Arbeiten, die die Unterbringung der Batterien in hierfür an beiden Zugenden vorgesehene Vorbauten gestattete (Abb. 123). Entsprechend ihrem Verwendungszweck war der eine Wagenteil für die 2. und 3. Klasse, der andere Teil für die 4. Klasse bestimmt.

Infolge starker Entwicklung der Bahnabteilung wurde diese im Jahre 1910 in eine Vollbahn- und eine Kleinbahnabteilung gegliedert. Letztere befaßte sich mit der Herstellung von elektrischen Straßen- und Kleinbahnen sowie Industrie- und Grubenlokomotiven. Erstmalig wurde von Berg-

Abb. 123 Zweiteiliger elektrischer Speicherwagen der KPEV, Bauart Wittfeld. Gebaut 1907 von Bergmann. (Archiv Pierson)

Abb. 124 Erste 2'B1'-Schnellzuglokomotive der Preußischen Staatsbahnen (Versuchsausführung). Gebaut 1911 von Bergmann, Berlin. (Archiv Pierson)

mann der Einphasen-Wechselstrom, 50 Hz, bei einer von diesem Unternehmen angelegten Kleinbahn angewendet.

In der Vollbahnabteilung hielt das Geschäft mit Akkumulatoren-Triebwagen unverändert an; neu eingeführt wurde der Bau von benzol-elektrischen Triebwagen für die Preußischen Staatsbahnen. Den Höhepunkt jedoch bildete die Auftragserteilung der KPEV auf eine von insgesamt drei Stück 1500-PS-Schnellzug-Versuchslokomotiven, Gattung ES, mit einer Höchstgeschwindigkeit von 110 km/h (Abb. 124). Wir haben auf ihre Konstruktion bereits bei der Behandlung dieser Bauart im vorigen Kapitel anläßlich der Eröffnung des elektrischen Vollbahnbetriebes auf der Strecke Dessau–Bitterfeld hingewiesen.

Abb. 125 Bo+Bo-Verschiebelokomotive für die Hamburger Hafenbahn der Preußischen Staatsbahnen, Gattung EV. Betr.-Nr. 3/4 Altona. Gebaut 1911 von Bergmann, Berlin. (Archiv Pierson)

Die nun folgenden Darstellungen aus dem Bergmann-Lokomotivbau sind den jährlichen Geschäftsberichten der »Bergmann-Elektricitäts-Werke AG« entlehnt, in denen stets nur von **Lokomotivbauten** gesprochen wird, doch scheint, wie bei Siemens, der wagenbauliche Teil, einige Versuchsbauten ausgenommen, für Vollbahnlokomotiven jeweils von Dampflokomotivfabriken angeliefert worden zu sein.

schiebelokomotive, preußische Gattung EV, als Doppelmaschine mit den Betriebsnummern Altona 3 und 4, an die seit 1911 elektrisch betriebene Hamburger Hafenbahn, wo sie zehn Jahre lang Dienst tat. Sie war mit Tatzlagermotoren der bei Straßenbahnen üblichen Bauart ausgerüstet. Von der späteren Deutschen Reichsbahn-Gesellschaft wurde sie nicht mehr übernommen (Abb. 125).

Abb. 126 2'D1'-Gebirgs-Schnellzuglokomotive, Gattung EP, der Preußischen Staatsbahnen. Betr.-Nr. Breslau 235. Gebaut 1917 von Bergmann, Berlin. (Archiv Pierson)

Diesen Geschäftsberichten zufolge gaben bereits im Jahre 1912 die preußischen Staatsbahnen 14 schwere elektrische Schnellzuglokomotiven in Auftrag, die kaum zwölf Monate später abgeliefert wurden. Außerdem ging eine Bo+Bo-Ver-

Zwei Bo+Bo-Güterzuglokomotiven, jedoch nicht geteilter Bauart, die Bergmann 1914 an die Bayerische Staatsbahn lieferte, wo sie als Gattung EG 1 unter Betriebsnummer 20201 und 20202 fuhren, erhielten noch die spätere Reichsbahnbezeichnung E 7301 und E 7302. Sie entwickelten 1000 PS Stundenleistung bei Vmax = 50 km/h und arbeiteten noch Ende der zwanziger Jahre als Schubmaschinen auf der Steilrampe Reichenhall-Hallturm.

In der Folge gelang es, den klassischen Einphasen-Reihenschlußmotor durch Zusammenfassen der Ständerwicklung wesentlich zu vereinfachen (Bauart Prof. Müller). Damit wurde es möglich, leichte Einmotor-Lokomotiven mit mehr als 3000 PS Stundenleistung zu bauen. So entstand bei Bergmann die erste 2'D1'-Gebirgs-Schnellzuglokomotive der KPEV, Gattung EP (Abb. 126), die mit der Betriebsnummer 235 im Jahre 1917 an die Königl. Eisenbahndirektion Breslau überwiesen wurde.

Doch damit sind wir bereits mitten im ersten Weltkrieg, in dem auf dem Sektor elektrische Schienenfahrzeuge weitere Entwicklungsarbeiten wegen der Rüstungsproduktion zurückgestellt wurden. Erst nach Kriegsende lief der Bau elektrischer Lokomotiven wieder an. Insbesondere wurden aus früheren Aufträgen elf weitere 2'D1'-Gebirgs-Schnellzuglokomotiven der bereits erwähnten Art, Gattung EP mit den Betriebsnummern Breslau 236 bis 246, auf den schlesischen Gebirgsstrecken in Betrieb genommen. Weiterhin gehörten zu der Aufholung älterer Bestellungen für die Direktion Breslau zwei Lokomotiven mit Gruppenantrieb 2B + B1, preußische Gattung EP, Betriebsnummer 211 und 212, die später die Reichsbahn-Reihenbezeichnung E 4900 erhielten.

Angesichts des uns bereits aus dem Dampflokomotivbau bekannten Booms nach dem ersten Weltkrieg erforderte der große Bestelleingang bei Bergmann eine Trennung der Bahnabteilung in stärker differenzierte Untergruppen. Auf dem Kleinbahnsektor wurde im Jahre 1922 u. a. eine Schmalspurlokomotive mit Schneckenvorgelege entwickelt, eine andere Gruppe befaßte sich mit einem modernen Straßenbahnwagen für Ein-Mann-Betrieb mit automatischen Schließ- und Kontrollvorrichtungen.

Das Jahr 1923 brachte trotz des Höhepunktes der Inflation weitere Auftragseingänge auf Schnell- und Güterzuglokomotiven. Darunter befanden sich wieder eine Anzahl 2'D1'-Gebirgs-Schnellzuglokomotiven für den Direktionsbezirk Breslau. Alle diese Maschinen erhielten bei der Deutschen Reichsbahn-Gesellschaft die Reihenbezeichnung E 50 und die laufenden Nummern 36 bis 52. Die erste Maschine aus dem Jahre 1917 sollte die Nummer E 5035 bekommen, wurde jedoch bereits im Jahre 1927 ausgemustert.

Im Industrie- und Kleinbahnsektor waren Grubenlokomotiven mit Schneckenantrieb sowie Gruben-Akkumulatorenlokomotiven stark gefragt. Auch der Bau weiterer Ein-Mann-Straßenbahnwagen hielt an, wie ebenfalls im darauf folgenden Jahr die Lage im Schienenfahrzeugbau ausgesprochen günstig war.

Die guten Erfahrungen, die mit den 2'D1'-Lokomotiven gemacht worden waren, bewogen die Deutsche Reichsbahn-Gesellschaft, auch für die mitteldeutschen Strecken ähnliche Einmotor-Schnellzuglokomotiven zu beschaffen. So wurde von Bergmann eine 2'C2'-Schnellzuglokomotive von 3600 PS der preußischen Gattung ES entworfen und in den Jahren 1923 bis 1925 für die Reichsbahndirektion Halle gebaut. Ihre alten Betriebsnummern 51 bis 57 wurden später in die Reihenbezeichnung E 06 Nr. 01 bis 07 umgewandelt. Fünf Nachbauten erfolgten in den Jahren 1927/28.

Das Jahr 1924 stellte praktisch den Höhepunkt in Auftragserteilung wie auch im Bau elektrischer Triebfahrzeuge für die Deutsche Reichsbahn-Gesellschaft dar. Dazu gehörten u. a. mehrere Triebwagenzüge für die erste elektrifizierte Berliner

Abb. 127 1BB1-Güterzuglokomotive der Deutschen Reichsbahn-Gesellschaft mit Gruppenantrieb, Reihe E 75 58. Gebaut 1928 von Bergmann, Berlin. (Archiv Pierson)

S-Bahnstrecke vom Stettiner Vorortbahnhof nach Bernau. Ebenfalls von Bergmann wurden erstmalig Güterzuglokomotiven mit Gruppenantrieb – Achsfolge 1BB1 mit einer Stundenleistung von 2200 PS bei einer Höchstgeschwindigkeit von 65 km/h gebaut. Die erste Maschine verließ 1924 das Werk; weitere folgten bis 1931 unter der Reihenbezeichnung E 75 01 bis 012 bzw. 51 bis 69 (Abb. 127).

Vom Jahre 1925 an gingen die Aufträge der Deutschen Reichsbahn-Gesellschaft erheblich zurück. Dagegen lag das Geschäft im Kleinbahnbereich weiterhin gut, insbesondere im Bau von U-Bahnwagen. Diese Tendenz setzte sich auch noch im nächsten Jahr fort, in dem Bergmann noch einmal Auftrag auf Entwurf und Bau einer Versuchs-Schnellzuglokomotive von 4000 PS und einem Vmax = 110 km/h erhielt.

Die äußerst wichtige Frage des Antriebs wurde von Bergmann stets mit besonderem Interesse verfolgt. Wir lernten die Einmotor-Bauart mit einfacher Stange (2'D1') und mit Dreieckstange (2'D1' und 2'C2'), ferner den Gruppenantrieb mit Zahnrädern und Stangen (2B+B1 und 1BB1) sowie Einzelachsantrieb mit Tatzlagermotoren (Bo+Bo bzw. Bo-Bo) kennen. Eine große Zahl anderer Antriebe, vor allem Westinghouse-Bauarten, wurden eingehend untersucht und projektiert. Um versuchsmäßig diese Fragen zu klären, gab die Deutsche Reichsbahn-Gesellschaft im Jahre 1925 drei Versuchslokomotiven in Auftrag, von denen eine der »Bergmann-Elektricitäts-Werke AG« zufiel (Abb. 128). Die Maschine, die als 2'Do1'-Bauart im Jahre 1927 mit der Reihennummer E 21 51 zur Ablieferung kam, besaß acht, im Maschinenraum aufgestellte Motoren, die über Gelenkkupplung und Mittelantrieb auf die Achsen arbeiteten. Die Maschine erreichte eine

Abb. 128 2'Do1'-Versuchslokomotive der Deutschen Reichsbahn-Gesellschaft, Reihe E 21 51. Gebaut 1927 von Bergmann, Berlin. (Archiv Pierson)

Stundenleistung von 4600 PS bei Vmax= 110 km/h.

Auf dem Sektor Industrielokomotiven bestand nach wie vor starke Nachfrage, insbesondere nach kleinen Zubringermaschinen in schlagwettersicherer Ausführung für Akkumulatorenbetrieb. Dieses Interesse setzte sich auch im Jahre 1928 fort. Daneben erhielt Bergmann größere Aufträge auf Abraumlokomotiven von 1200 V Gleichstrom sowie Tages- und Grubenmaschinen für Oberleitungs- bzw. Akkumulatorenbetrieb.

Das Jahr 1929 leitete, wie wir früher sahen, den Niedergang im Berliner Lokomotivbau ein. Immerhin aber zeigte die Tatsache, daß die Deutsche Reichsbahn-Gesellschaft von nur vier zur Vergabe gekommenen Güterzuglokomotiven, zwei davon bei Bergmann bestellte, die Bedeutung dieser Firma für den Lokomotivbau. Die Abteilung »Industrie- und Kleinbahnen« dagegen war noch gut beschäftigt durch Lieferung vierachsiger Abraumlokomotiven nach eigenem System für Gleichstrom 1200 bzw. 600 V in Normal- bzw. Schmalspurausführung.

Ein Jahr später trat der Bergmann-Lokomotivbau anläßlich der Zweiten Weltkraftkonferenz in Berlin zum letzten Mal mit einer Versuchslokomotive der Deutschen Reichsbahn-Gesellschaft nach einer überraschend kurzen Bauzeit von nur sechs Monaten vor die Öffentlichkeit (Abb. 129). Im Bestreben, bei gleicher Baustoffmenge wesentlich höhere Leistungen zu erzielen, wurden in einer Bo-Bo-Maschine mit 20 t Achsdruck 3000 PS Nennleistung untergebracht. Der wagenbauliche Teil stammte von der Berliner Maschinenbau-AG, vorm. L. Schwartzkopff. Bei den ab

1931 durchgeführten Versuchsfahrten sowohl im Güter- als auch im Personenzug- und Schnellzugsbetrieb erfüllte die Lokomotive alle in sie gesetzte Erwartungen. Leider sollte sie den Schlußstein für den Bergmann-Vollbahnlokomotivbau bedeuten, denn der Sektor »Industrie- und Kleinbahnlokomotiven« vermochte trotz eigener Weiterentwicklungen den Ausfall an Aufträgen für Vollbahnlokomotiven nicht zu kompensieren.

Als das Jahr 1931 für die Bahnabteilung der »Bergmann-Elektricitäts-Werke« ebenfalls wieder schlecht abschloß, entschied die Konzernleitung ein Jahr später die Stillegung dieses Produktionszweiges.

Es war die Zeit, als unweit von Wilhelmsruh eine andere Fabrik gleichfalls ihren bisherigen Lokomotivbau einstellte – Borsig in Tegel. Wir erwähnen dies deshalb, weil die Bezeichnung der

Abb. 129 Letzte Bo-Bo – Versuchs-Eilgüterzuglokomotive, 3000 PS, der Bergmann-Elektricitäts-Werke, Berlin. Gebaut 1930.

Bergmann-Werke nach 1945 in Berlin zu Fehldeutungen Anlaß geben könnte, denn zwischen diesem Konzern und Borsig hat es nie eine Doppelfirma gegeben, wie man es aus der heutigen Bezeichnung »VEB Bergmann-Borsig« annehmen dürfte. Es war vielmehr so, daß, als die Borsig-Werke Tegel durch Kontrollratsbeschluß vom 15. Juni 1947 erneut geschlossen wurden, von den zu diesem Zeitpunkt bereits dort wieder beschäftigten Arbeitskräften ein Teil, vornehmlich jene, die in der näheren Umgebung wohnten, zu Bergmann nach Wilhelmsruh gingen. Sie, die alten Borsigarbeiter, und die Arbeiter von Bergmann nannten ihren jetzt volkseigenen Betrieb kurzerhand »Bergmann-Borsig«, unbeschadet dessen, daß viele »Borsigianer« in West-Berlin, die Menschen von Bergmann aber vorwiegend im damaligen Ostsektor lebten. Der 13. August 1961 setzte auch hier ein Zäsur. Seit diesem Tag erhebt sich zwischen dem Werksbereich im Osten und der an dieser Stelle auf Westberliner Gebiet verlaufenden Nordbahn die Trennmauer. Der Name »Bergmann-Borsig« aber ist geblieben.

Bilder

In Berlin gibt es eine Privatgalerie, in der das Schaffen des bekannten zeitkritischen Malers Hans Baluscheck eine würdige Heimstatt gefunden hat. Von seinen Werken zeugen nicht wenige Bilder in ihrer sachkundigen und dennoch tief empfundenen, lebendigen Darstellung von der inneren Verbundenheit des Künstlers mit der Eisenbahn. Der Autor hat versucht, wenn auch auf seine Weise, ihm auf diesem Weg zu folgen und einen Ausschnitt aus dem Kolossalgemälde des 19. Jahrhunderts nachzuzeichnen, der die Konturen jener Stadt erkennen läßt, die einstmals dem Eisenbahnjahrhundert unserer Väter und Großväter ihren Stempel aufdrückte.

Doch gerade hier zeigt das Diorama Spuren altersbedingten Verblassens. In Berlin werden keine Lokomotiven mehr gebaut; die heutigen Namensträger von damals, soweit sie noch aus der Zeit der Dampflokomotive stammen, sehen keinen Anlaß mehr, ihrer großen Vergangenheit zu gedenken, und für offizielle Stellen, denen diese Vergangenheit fremd ist, gilt nur die Gegenwart. Die heutige Zeit wird geprägt von der Luft- und der Raumfahrt, und der Lokomotivführer von einst ist in der Vorstellungswelt der Jugend abgelöst durch den Piloten und Astronauten.

Dennoch: Diese Entwicklung bis hin zum Weltall wurde eingeleitet durch die Eisenbahn, die erstmals Raum und Zeit entscheidend zu überwinden begann und die Menschen aus jahrhundertealtem Partikularismus heraus zueinander führte. Das aber wiederum war nur durch die Dampflokomotive möglich geworden. Wenn wir nun in Bälde von der letzten von ihnen auf deutschen Bahnen Abschied nehmen, so hat Berlin durch die Erfindung der elektrischen Lokomotive dafür gesorgt, daß die Züge auch weiterhin fahren werden, so lange es noch Rad und Schiene gibt. In Zukunft unternehmen nur noch Eisenbahnfreunde in aller Welt dann und wann eine Fahrt in die Vergangenheit. Auch der Autor hat mit seinem Werk eine solche Fahrt angetreten, aber nicht hinaus auf die Strecke, sondern auf Neben- und Industriegleisen, die ihn noch einmal zu jenen Stätten führte, die einstmals durch ihren Lokomotivbau Eisenbahngeschichte machten und von denen heute kaum noch Zeitgenossen aus eigenem Erleben zu berichten wissen. Dieses Wissen aber an eine jüngere Generation weiterzureichen, bevor es auf der Müllkippe der Vergessenheit landet, war das Anliegen des Autors, der mit seinem Buch einen letzten Gruß jener Zeit entbietet, von der ein Dichter einst sagte:

„Was vergangen, kehrt nicht wieder.
Aber ging es leuchtend nieder,
Leuchtet's lange noch zurück."

LITERATURVERZEICHNIS

Man nannte sie »Dampfwagen«

Niederschriften über die Verhandlungen des Vereins zur Beförderung d. Gewerbefleißes in Preußen.
Jahrgang 14 (1835) – 15 (1836) – 20 (1841) – 21 (1842) – 23 (1844) – 26 (1847)
Eisenbahnzeitung, Jahrgang 1844. Meyer, Braunschweig
Organ f. d. Fortschritte d. Eisenbahnwesens, Jahrg. 1867, 1868
Zeitschrift f. d. Berg-, Hütten- und Salinenwesen d. preuß. Staates, Jahrg. 1875
Schaltenbrand, »Die Lokomotiven«. Gaertner, Berlin 1876
Heusinger v. Waldegg, »Handbuch f. spez. Eisenbahntechnik« Bd. III. Engelmann, Leipzig, 1882
Mittlg. d. Vereins f. d. Geschichte Berlins. 1911/3
Festschrift der Reichsbahndirektion Berlin: »Hundert Jahre Eisenbahn Berlin-Potsdam«. 1939
»Bergbau«. Jahrgang 11 (1960)
Ilja Mieck, »Preußische Gewerbepolitik in Berlin, 1806 bis 1844.« Berlin 1965 (Hist. Kommission).
»Unser Harz«, Jahrg. 1970/10. Goslar
»Der Hüttenmann.« Werkzeitung Stahlwerke Röchling. 1974

Straße der Lokomotivfabriken

Chausseestraße 1.
Pierson: »Borsig – Ein Name geht um die Welt«. Rembrandt-Verlag, Berlin. 1973
Chausseestraße 20.
75 Jahre Schwartzkopff. Berliner Maschinenbau-AG. 1927
100 Jahre Deutsche Eisenbahnen – 83 Jahre Schwartzkopff. Berliner Maschinenbau-AG. 1935
Unsere Lokomotiven der Jahre 1935 bis 1938. Berliner Maschinenbau-AG. 1938
Brigitte Beer: »Louis Schwartzkopff«. Ein Lebensbild. Leipzig 1943. Felix Meiner.
100 Jahre Wirken und Werken. Berliner Maschinenbau-AG 1952
Chausseestraße 36/37.
Organ f. d. Fortschritte des Eisenbahnwesens. 1870
Heusinger v. Waldegg. Handbuch f. spez. Eisenbahntechnik
Berlin und seine Bauten. Architekten-Verein Berlin 1877
Die Straßenbahnen, deren Anlage u. Betrieb. Deutsch von W. H. Uhland. Baumgärtner, Leipzig 1880
Verkehrstechnische Woche. Jahrg. I. 1906/07.
Matschoß »Die Entwicklung d. Dampfmaschine« Bd. I. Springer, Berlin 1908
F. Gaiser »Die Crampton-Lokomotive«. Pfälzische Verlags-Anstalt Neustadt a. d. Haardt. 1909
»Technik–Geschichte«. Beiträge z. Geschichte d. Technik u. Industrie. Bd. 4. Springer. Berlin 1912
Desgl. Bd. 16 VDI-Verlag Berlin 1926
Desgl. Bd. 24 VDI-Verlag Berlin 1935
Matschoß »Eisenindustrie und Maschinenbau«. Landeskunde d. Provinz Brandenburg. Bd. 2. Berlin 1910
Zeitschrift d. österr. Ingenieur- und Architekten-Vereins. 66 Jahrg. Wien 1914
»Die Lokomotive«. Wien 1913
v. Helmholtz-Staby »Entwicklung d. Lokomotive« Bd. I. Oldenbourg München/Berlin 1930
Doogs, Kurt »Die Berliner Maschinenindustrie« u. ihre Produktionsbedingungen. Berlin 1928
Glaser's Annalen f. Gewerbe- u. Bauwesen. 1952
»Berliner Nationalzeitung«. 1880
Illustrierte Zeitung Leipzig. 1880

Spezialität: Schmalspur- und Kleinbahnlokomotiven

Hirschfeld »Berliner Großindustrie«. Hersg. R. Jannasch. Berlin 1901
Handbuch der deutschen Aktien-Gesellschaften, Ausgabe 1899 – 1900 – 1903 – 1904 – 1906
Orenstein & Koppel »Denkschrift anläßlich der Fertigstellung der 5000. Lokomotive«. Berlin 1913
Die deutsche Industrie. Festgabe der Industriellen Deutschlands. Leopold Weiß. Berlin 1913. Bd. I
N. G. Ohlson »Möja Jernväg« Nacka (Schweden) 1970
Industrial Railway Record. Dec 1971 Sheffield (GB)
Obermayer »Taschenbuch Deutsche Schmalspurlokomotiven«. Franckh-Stuttgart 1973
»Werningeröder Zeitung«, 1973/2 – 1974/4, 8 Verlag Bombös, Stadt-Allendorf.

Berlin – Wiege der Elektrolok

Niederschriften d. Vereins zur Beförderung d. Gewerbefleißes in Preußen. 1879
Elektrotechn. Zeitschrift 1900–1903. Springer. Berlin
E. Carlotta. Der Welthandel in Bildern. Boll & Pickardt. Berlin 1910
AEG-Mitteilungen 1921, 1925. AEG Berlin
Osborn »Berlins Aufstieg zur Weltstadt«. Reimar Hobbing. Berlin 1929
Siemens »50 Jahre elektrische Lokomotiven von Siemens-Schuckert. 1879–1929«. Siemens-Archiv
Organ f. d. Fortschritte d. Eisenbahnwesens. Springer. Berlin 1931
Hundert Jahre Deutsche Eisenbahnen. Berlin 1938
Schweder »Verkehrstechnik«. AEG Berlin 1900
Elektrische Bahnen. Jahrg. 1929 Reimar Hobbing. Berlin
SIEMENS – Pionierarbeiten, Techn. Leistungen, Wirtschaftliche Ereignisse. Siemens-Archiv-Verwaltung 1930
Pierson »Kohlenstaublokomotiven«. Franckh-Stuttgart 1967
Spandauer Anzeiger. Sept. 1974 (Extraausgabe)